鹪鹩巢于深林，不过一枝；偃鼠饮河，不过满腹。

——庄子《逍遥游》

资源与支持

本书由数艺社出品，"数艺社"社区平台（www.shuyishe.com）为您提供后续服务。

◎ 配套资源

家居软装预算清单
家居品牌推荐
北欧风格空间展示（儿童房、工作区、局部灵感、客厅与餐厅、卫浴空间、卧室、玄关）

资源获取请扫码

"数艺社"社区平台，为艺术设计从业者提供专业的教育产品。

◎ 与我们联系

我们的联系邮箱是 szys@ptpress.com.cn。如果您对本书有任何疑问或建议，请您发邮件给我们，并请在邮件标题中注明本书书名及 ISBN，以便我们更高效地做出反馈。

如果您有兴趣出版图书、录制教学课程，或者参与技术审校等工作，可以发邮件联系我们；有意出版图书的作者也可以到"数艺社"社区平台在线投稿（直接访问 www.shuyishe.com 即可）。如果学校、培训机构或企业想批量购买本书或数艺社出版的其他图书，也可以发邮件联系我们。

如果您在网上发现针对数艺社出品图书的各种形式的盗版行为，包括对图书全部或部分内容的非授权传播，请您将怀疑有侵权行为的链接通过邮件发给我们。您的这一举动是对作者权益的保护，也是我们持续为您提供有价值的内容的动力之源。

◎ 关于数艺社

人民邮电出版社有限公司旗下品牌"数艺社"，专注于专业艺术设计类图书出版，为艺术设计从业者提供专业的图书、U 书、课程等教育产品。出版领域涉及平面、三维、影视、摄影与后期等数字艺术门类，字体设计、品牌设计、色彩设计等设计理论与应用门类，UI 设计、电商设计、新媒体设计、游戏设计、交互设计、原型设计等互联网设计门类，环艺设计手绘、插画设计手绘、工业设计手绘等设计手绘门类。更多服务请访问"数艺社"社区平台 www.shuyishe.com。我们将提供及时、准确、专业的学习服务。

有室之用

北欧风格
家居软装设计手册

姜小邑 编著

人民邮电出版社

北 京

图书在版编目（CIP）数据

有室之用：北欧风格家居软装设计手册 / 姜小邑编
著. -- 北京：人民邮电出版社，2019.9
ISBN 978-7-115-51576-6

Ⅰ．①有… Ⅱ．①姜… Ⅲ．①住宅－室内装饰设计
Ⅳ．①TU241

中国版本图书馆CIP数据核字(2019)第129497号

内 容 提 要

本书从软装领域中选择了当下流行的北欧风格，推崇"轻装修、重装饰"的理念，从色彩、空间搭配方面进行分析讲解，为软装设计提供参考。其中重点部分为软装搭配要素，包括色彩和图案、家具的选择和布置、灯具和空间照明、布艺家纺、墙面装饰、花艺和绿植等，并且针对每一类可能用到的家居用品都做出了相应的推荐，为读者选购家居用品提供了有用的参考。书的末章精选12个整体设计实例，它们各有侧重，或开阔，或紧凑，或简约，或清新，从平面布局到空间装饰，皆为用心之作。

本书配套资源包括家居软装预算清单、家居品牌推荐和北欧风格空间展示，读者可通过扫描封底或前言的"资源获取"二维码，获取这些资源。

本书既可供专业的室内设计师学习，也可供大众阅读参考。

- ◆ 编　著　姜小邑
  责任编辑　张丹丹
  责任印制　马振武
- ◆ 人民邮电出版社出版发行　北京市丰台区成寿寺路 11 号
  邮编　100164　电子邮件　315@ptpress.com.cn
  网址　http://www.ptpress.com.cn
  北京盛通印刷股份有限公司印刷
- ◆ 开本：690×970　1/16
  印张：14.5
  字数：317 千字　　　　　　　　　2019 年 9 月第 1 版
  印数：1—3 000 册　　　　　2019 年 9 月北京第 1 次印刷

定价：68.00 元

读者服务热线：(010)81055410　印装质量热线：(010)81055316
反盗版热线：(010)81055315
广告经营许可证：京东工商广登字 20170147 号

前 言

Preface

> "埏埴以为器,当其无,有器之用。凿户牖以为室,当其无,有室之用。故有之以为利,无之以为用。"

—— 老子《道德经》

家具是"有",空间为"无",而"人"则将"有"和"无"串联起来,形成我们的居住环境。这个串联的过程就是设计,串联的结果则叫作生活。设计源于生活,又终于生活,而生活则是由居住的人们的活动组成的,所以归根结底,家居设计绝不仅仅是"物"的陈设,更是在空间范围内对"人的活动"的梳理。

对于家居设计来说,无论风格怎么发展,手法如何多元,目的无非是满足人们日益增长的个性化需求。按照施工顺序,我们通常将家居设计分为硬装和软装两个方面,但两者相互渗透、不可分割,是一个整体的两个组成部分。

目前市场上的软装书籍多是博杂知识的汇总,对各类风格的阐释过于理论化,对于大部分读者来说,一本设计词典的意义似乎乏善可陈。所以本书更多地以生活方式为切入点,将家居空间看作随时变化的生活场所,而非一成不变的样板间。我们鼓励居住者从形式中解放出来,通过了解自己的喜好和行为习惯,创造出更多的可能性。

书中内容是个人日常工作的总结,然本人才识有限,加之无多余时日以勤补拙,故难免有行文上的疏漏。倘若本书对列位读者而言能有可取之处,则心甚慰。

2019 年春于北京

鸣 谢

设计团队

北京玖雅(JORYA)	苏州晓安设计	PLASTERLINA
上海本墨设计(BEME)	武汉有宅设计	ZROBYM architects
南京矗维设计	INT2 architecture	S.O.D architects
成都山丘设计	北鸥设计(NORDICO)	Studio Zapraszam
杭州良人一室	乐创空间设计(Life Creator Design)	

除各个设计工作室和独立设计师外,还要感谢国内外的家居品牌,是他们创造出这些优秀的家具及生活用品,使室内设计更加丰满,也让我们的居家生活更加精致和舒适。详细的名单此处不再列举,详见配书资源中的"家居品牌推荐",扫描右侧或封底的资源获取二维码,可以得到资源获取方式。所有品牌推荐均来自日常工作中的收藏,仅供参考。

资源获取

目录

第 1 章 软装设计概述

1.1 软装设计的概念 ………………………………………… 10
    1.1.1 家居软装设计的定义 …………………………………… 10
    1.1.2 家居软装设计的作用 …………………………………… 12

1.2 装修设计的常见风格 ……………………………………… 14

1.3 北欧风格的设计原则 ……………………………………… 20
    1.3.1 选择北欧风格的理由 …………………………………… 20
    1.3.2 北欧风格的软装要素 …………………………………… 22

第 2 章 软装搭配要素——色彩和图案

2.1 色彩基础 ……………………………………………………… 28
    2.1.1 色相 ……………………………………………………… 29
    2.1.2 明度 ……………………………………………………… 30
    2.1.3 饱和度 …………………………………………………… 30
    2.1.4 色立体 …………………………………………………… 31

2.2 空间配色 ……………………………………………………… 32
    2.2.1 背景色 …………………………………………………… 32
    2.2.2 主体色 …………………………………………………… 33
    2.2.3 配角色 …………………………………………………… 34
    2.2.4 点缀色 …………………………………………………… 35

2.3 常见家居色彩搭配 …………………………………………… 35
    2.3.1 黑白灰 …………………………………………………… 35
    2.3.2 单色调 …………………………………………………… 36
    2.3.3 与原木色搭配 …………………………………………… 37
    2.3.4 对比搭配 ………………………………………………… 37
    2.3.5 清新色系搭配 …………………………………………… 37
    2.3.6 色彩构成搭配法 ………………………………………… 38

2.4 图案肌理 ……………………………………………………… 39
    2.4.1 图案装饰 ………………………………………………… 39
    2.4.2 肌理质感 ………………………………………………… 41

第 **3** 章 软装搭配要素——家具的选择和布置

3.1 客厅家具的选择和布置 44
    3.1.1 客厅家具组成 44
    3.1.2 客厅的常见布局 53

3.2 餐厅家具的选择和布置 55
    3.2.1 餐厅家具组成 56
    3.2.2 餐厅的常见布局 60

3.3 卧室家具的选择和布置 61
    3.3.1 卧室家具组成 61
    3.3.2 卧室的常见布局 67

3.4 书房家具的选择和布置 70
    3.4.1 书房家具组成 70
    3.4.2 工作台的常见布置 73

3.5 儿童房家具的选择和布置 76
    3.5.1 儿童房家具组成 76
    3.5.2 儿童房的常见布局 79

3.6 玄关家具的选择和布置 81
    3.6.1 玄关家具组成 82
    3.6.2 玄关的常见布局 84

3.7 厨房家具的选择和布置 86
    3.7.1 厨房家具组成 86
    3.7.2 厨房的常见布局 90

3.8 卫浴家具的选择和布置 91
    3.8.1 卫浴家具组成 91
    3.8.2 卫浴的常见布局 94

第 **4** 章 软装搭配要素——灯具和空间照明

4.1 灯具的分类 96
    4.1.1 吊灯 96
    4.1.2 吸顶灯 98
    4.1.3 壁灯 99
    4.1.4 落地灯 99

4.1.5 台灯 101

4.1.6 筒灯、射灯 102

4.2 家居照明的层次 102

4.2.1 基础照明 102

4.2.2 局部照明 103

4.2.3 装饰照明 104

4.3 灯光的空间布置 104

4.3.1 客厅的灯光布置 104

4.3.2 餐厅的灯光搭配 106

4.3.3 卧室的灯光搭配 108

4.3.4 工作区的灯光搭配 109

4.3.5 玄关、走廊的灯光搭配 110

4.3.6 厨房的灯光搭配 111

4.3.7 卫生间的灯光搭配 112

第5章 软装搭配要素——布艺家纺

5.1 地毯的选择和搭配 114

5.1.1 地毯的选择 114

5.1.2 地毯的空间搭配 116

5.2 窗帘的选择和搭配 119

5.2.1 窗帘的选择 119

5.2.2 窗帘的空间搭配 121

5.3 抱枕的选择和搭配 125

5.3.1 抱枕的选择 125

5.3.2 抱枕的空间搭配 127

5.4 桌布的选择和搭配 128

5.5 床品的选择和搭配 130

第6章 软装搭配要素——装饰画及其他墙面装饰

6.1 装饰画的选择技巧 134

6.1.1 尺寸 134

6.1.2 题材 135

6.1.3 画框 137

6.2 装饰画的空间布置 139
6.2.1 客厅装饰画 139
6.2.2 餐厅装饰画 140
6.2.3 卧室装饰画 141
6.2.4 工作台 142
6.2.5 儿童房 142
6.2.6 玄关 143
6.2.7 台面 143

6.3 其他墙面装饰手法 144
6.3.1 照片墙 144
6.3.2 手绘墙 145
6.3.3 墙贴 145
6.3.4 置物架 146
6.3.5 壁挂植物 146
6.3.6 挂毯 147
6.3.7 挂钟 147
6.3.8 挂历 148
6.3.9 挂盘 148
6.3.10 金属网格 149
6.3.11 洞洞板 149
6.3.12 动物元素 150

第7章 软装搭配要素——花艺和绿植

7.1 花艺的选择和搭配 152
7.1.1 花艺的选择 152
7.1.2 花艺的空间搭配 153

7.2 绿植的推荐和搭配 154
7.2.1 常用绿植推荐 155
7.2.2 绿植的空间搭配 157

7.3 花器的分类和推荐 159

第8章 设计案例解析

8.1 案例一：粉色北欧风小户型 164

8.2 案例二：小而美的开放公寓 168

8.3 案例三：巧用层高的下沉式客厅 172

8.4 案例四：蓝色温馨两居室 179

8.5 案例五：舒适实用的地台空间 183

8.6 案例六：简约开阔的单身公寓 189

8.7 案例七：北欧风与木色的融合 194

8.8 案例八：空间换位，回归生活 198

8.9 案例九：施工洞巧变吧台 202

8.10 案例十：高级粉营造青春气息 207

8.11 案例十一：简约与丰富的平衡 211

8.12 案例十二：木质与色彩的碰撞 216

附录

常见空间格局改造 221

第 **1** 章

软装设计概述

本章学习要点

» 软装设计的概念
» 装修设计的常见风格
» 北欧风格的设计原则

1.1 软装设计的概念

完整的室内设计包含很多内容，如流线、色彩、照明、水电、材质、家具等。通常我们可以把这些与室内环境相关联的所有元素归类为两大部分，即硬装和软装。硬装主要包括功能布局、水电改造、地面铺设等；而软装则是在硬装的基础上，通过家具、灯具、装饰画、布艺、绿植、摆件等可移动的元素对室内进行二次装饰。两者相辅相成，共同创造出功能合理、舒适美观且满足业主个性化需求的生活空间。

如果把整个室内设计比喻成一只漂亮的鸟儿，那么"硬装修"就像是鸟儿的骨架，满足了其基本形态和功能设定；"软装饰"则好比鸟儿身上漂亮的羽毛，决定了它最终的样子，使其成为自然界中独一无二的存在。

硬装修和软装饰效果图（源于 NORDICO）

1.1.1 家居软装设计的定义

随着人们生活水平的提高，家居美学开始受到越来越多人的关注。我们常说"轻装修、重装饰"，并不是说装修不重要，而是说简单的功能性空间已经不能满足人们的精神追求了，人们想要更加精致的生活体验。用高品质的家具、高格调的配饰来进行"家居陈设"，不仅能给居住者带来视觉上的美好享受，还可以营造出更加温馨舒适的空间氛围。这种"家居陈设"就是我们所说的家居软装设计。

软装设计和所有的设计一样，有多种风格可供选择。但对于居住空间来说，大可不必拘泥于理论概念的条条框框。风格的定义本就是一个否定之否定、螺旋式上升的发展历程（如现代风格、后现代风格，后者就是对前者的批判）。对于使用者来说，满足自己的居住功能要求，契合个人的喜好品味，以及整体和谐美观才是最重要的，这也是如今混搭风格备受青睐的原因。

北欧的精致 + 日式的温馨 + 工业风的随意（源于 NORDICO）

家居软装的要素可分为 3 个部分：功能性家具、装饰性饰品以及非实物性感受。功能性家具是指各类有功能用处的家具、灯具、布艺等，是整个软装设计的主体部分，承载了家庭空间的功能需求。装饰性饰品是指装饰画、摆件等主要用于观赏的家居配饰，能丰富空间的层次，体现居住者的格调和品位。非实物性感受则指色彩、光影、气味等无形的东西，虽不占有实体空间，但所营造的基础氛围能够直达人心，在很大程度上影响着居住的体验。

功能性家具陈设（源于 INT2）

装饰性饰品摆放

鲜花、精油、薰香、蜡烛等嗅觉元素

1.1.2 家居软装设计的作用

很多业主在进行家居装修时，对未来的居住空间没有一个相对清晰的概念，完全是"走一步看一步"，哪怕是找了装修公司，也大多以硬装为主，对方仅附送一两天就完成的设计图，效果可想而知。这些业主直到硬装结束后才开始考虑家居陈设，几乎全凭个人喜好、一时冲动购买了各种各样的家具家饰，也可能仅仅是被商场的促销活动所打动，买回家后才发现很多东西并不适合放在一起，甚至不知道该摆在哪里。最后的结果就是精疲力竭地把钱花了，房子也塞满了，但效果却不尽人意。

好不等同于适合，要懂得取舍（源于 ferm LIVING）

所以理想的状态就是，在室内装修开始之前，先想象一下身处其中的生活场景，考虑并记录下主要的需求功能和行为流线，同时对房屋的整体风格、色彩以及主要家具的尺寸样式有一个较为明确的预期，以此来指导硬装的展开和进行。而在硬装完成后，也不要幻想一蹴而就。软装设计不是一步到位的结果，而是贯穿于家居生活的过程，只有在这个环境里生活，空间的使用频率和视觉重点慢慢浮现后，才能抓住主次，有重点地进行家居陈设，而且还可以根据季节、节日和人们喜好的变化随时做出调整。

软装是一种动态的生活方式（源于 IKEA）

软装设计让家居空间具有更强的视觉感知度，能营造出反映不同性格的生活环境，或庄严，或活泼，或稳重，或轻盈。软装设计又不仅仅是艺术化的装饰效果，它同时包含了空间的视觉界定、家具的便捷使用、灯光的合理布局等需要经过严谨推敲的功能属性。有很多户型的缺陷是可以通过软装搭配来解决的，相比于一味地砸墙、砌墙，靠色彩图案改变人的视觉感受，以及通过家具的摆放、地毯的铺设等软装手段来解决问题，无疑更加省时省力，也更加节省成本。尤其是现在社会节奏越来越快，潮流的更替、个人的喜好也是日新月异，导致现在硬装越来越简单、风格越来越难以界定。

简单的硬装赋予软装更大的发挥空间（源于 NORDICO）

1.2 装修设计的常见风格

装修设计风格代表了家居空间的整体特点。由于每个人的喜好不尽相同，所以每种风格在不同人的心目中也有着不一样的印象和闪光点；而且所谓的风格名称，包含了一定的历史演变因素，尤其是进入中国市场后，很多风格也经历了重新定义和改良，所以彼此之间很难有一个明确的界限。

确立装修风格能帮助业主表达出所需的空间效果，也让设计师更容易把握设计的立足点。但在实际运用中，装修设计通常不会完全遵循同一种风格，而是以一种风格为基础，再融入个人喜好及其他风格的设计元素。

◎ 现代简约风格

现代简约风格（The Modern Concise Style）源于20世纪初期的西方现代主义，强调删繁就简，去伪存真。但简约不等于简单，虽然舍弃了不必要的装饰元素，但其对质感、细节和比例的要求很高，以色彩的高度凝练和造型的极度简洁来满足人们对空间的功能需求，将人、物及所处的环境进行合理精致的组合，以达到"少即是多"（Less is More）的效果。

现代简约风格（源于纛维设计）

◎ 北欧风格

北欧风格（Scandinavian Style）是指欧洲北部的挪威、丹麦、瑞典、芬兰及冰岛等国家的室内设计风格。这种风格以简洁、自然、人性化著称，摒弃了繁复的雕花纹样，强调空间的通透明朗，墙面、天花板、家具摆设均无特殊的造型设计，但非常注重使用过程的功能性和人情味。

北欧风格的包容性很强。从质感的角度说：一方面，大面积铺陈的木地板，加上原木家具以及随处可见的绿植，传递出北欧风格朴实自然的氛围；另一方面，富有线条感的铁艺、玻璃家居产品，又展现出北欧精致的工艺水平。从色彩的角度说：一方面以白色为主，加入了鲜艳的纯色作为搭配；另一方面，以黑白灰打造出冷静的无彩色系空间。但无论是哪种空间，本身都具有很好的包容性，在必要的时候，不要吝惜使用欢快活泼的元素，如看似随意的字母组合、靓丽的色彩和几何图案等。

北欧风格（源于 NORDICO）

◎ 日式风格

日式风格（Japanese Style）追求简洁舒适、宁静平和的空间意境。相比于北欧风格，日式的简约则更多地带有一丝禅意和克制。家具低矮且数量不多，墙面空空如也，讲究东方艺术的留白。空间内没有亮丽的色彩，以暖白色和原木色为主，显得更为素净，材料多为实木和棉麻，哪怕是地毯、抱枕等装饰布艺以及收纳、餐具等日用品的选择，通常也都是淡雅的纯色。

日式风格（源于 MUJI）

现在常说的日式并不是指传统的日本风格（和风、和式），不一定有榻榻米和推拉门，而是以MUJI 为代表的现代日式，糅合了现代主义和北欧风格的元素，就像新中式与传统中式的关系。

◎ 工业风格

工业风格（Industrial Style）起源于 20 世纪 40 年代的美国纽约。年轻的艺术家们将工厂或仓库整修为工作室和居住空间，保留原始砖墙和水泥地面的肌理，没有刻意地隔断和装饰，加上设计中大量出现的工业材料（如裸露的管线、做旧的木材、皮质元素），让人感受到一种现代工业气息的简约和随性，对于向往自由不羁的年轻人有很大的吸引力。

但对于家居装修来说，其实不用做得这么极端，只需要部分的工业风元素就可以了。首先，我们不一定具备那么宽敞的空间条件，容易出工业风效果的，肯定是 Loft（由旧工厂或旧仓库改造而成的，少有内墙隔断的高挑空间）或者层高较高的大空间；其次，旧物的利用需要艺术性的再创造，这是一个持续的过程，不是每一个人都能驾驭的。

工业风格（源于 PLASTERLINA）

◎ 简欧风格

简欧风格（源于 Nadin Tabakina）

简欧风格（Simple European Style）即简约风格和欧式风格的融合体。简欧风格可以说是简化了的欧式风格，在保留了传统欧式的历史痕迹和文化底蕴的基础上，摒弃过于复杂的肌理和装饰，简化了线条，经过现代的材料及工艺的重新演绎，营造出浪漫、休闲、大气的空间氛围；也可以说是在简约风格的基础上，加入了欧式风格的材质、色彩及装饰符号，简约、自然，又不会太过单调。

简欧风格通常使用较浅的色调，或者使用对比色，通过对线条的把握、线脚的运用，打造出空间的立体感，自然衬托出典雅高贵的氛围，是目前别墅、住宅样板间的主流装修风格。

◎ 新古典主义风格

新古典主义风格（Neoclassical Style）起源于18世纪中叶兴起的新古典运动，脱胎于欧洲古典主义，将怀古的浪漫情怀与现代人对生活的需求相结合。新古典主义风格与简欧风格有一定的相似性，但新古典主义风格无疑更加注重装饰效果，用各式各样的装饰线条、墙裙、水晶灯、浮雕、壁柱等古典元素，营造出富丽堂皇、华贵典雅的空间效果。

新古典主义风格（源于 Dmitriy Kurilov）

◎ 新中式风格

新中式风格（源于素未）

新中式风格（Neo-Chinese Style）在设计上延续了明清时期家居配饰理念，提炼了其中的经典元素并加以简化和丰富，将其融合到现代人的生活习惯中。其在家具形态上比传统中式更加简洁清秀，空间配色也更为轻松自然。

新中式风格的发展是一个持续探索的过程，虽然还没有统一的评判标准，但新中式风格绝不是简单的元素堆砌，

也不是墨守成规的生搬硬套，而应该是在对传统文化的深刻认识和充分理解的基础上，用当代的设计语言将其演绎出来，以现代人的审美倾向和功能需求来打造富有传统韵味的新空间。新中式风格的发展较为缓慢，其原因之一就是将传统形式看得太重，刻意地提炼其符号、模仿其造型，得到的往往只是没有内在精神的空壳。

◎ 美式田园风格

美式田园风格（American Country Style）又被称为美式乡村风格，在室内环境中力求表现悠闲、舒适、自然的田园生活情趣，并以此为导向，将不同风格中的优秀元素汇集融合，兼具古典主义的优美造型和现代主义的实用机能。

美式田园风格（源于 INT2）

美式田园风格在设计上推崇"回归自然"，整体色调以含蓄的自然色为主，家具、灯饰的造型厚重古朴，带有浓厚的自然韵味，细节考究又不失大气；在搭配元素上会使用到摇椅、盆栽、水果、铁艺以及各类布艺制品，它们大多拥有天然的质感，都是美式田园风格中非常重要的点缀。

◎ 地中海风格

地中海风格（Mediterranean Style）富有浓郁的地域特征和人文风情，空间的打造同样以简洁为主，装饰以明亮的色彩和别致的样式。整体环境通常以白色和蓝色为主，给人一种阳光、纯净的感觉，过渡色可选用土黄或红褐色，墙壁呈现出自然的凹凸和粗糙感，重要的背景墙面可镶嵌以马赛克墙砖；家具尽量选择自然的材质，线条柔和、具有亲和力；圆弧形拱门、不规则线条、船舱、鹅卵石、爬藤类植物，还有图案素雅的棉麻布艺，这些装饰元素与蓝白色的室内空间相得益彰，呈现出自然的氛围。

地中海风格

可能有人会说，地中海沿岸有很多国家，它们风格各异，本身并没有一个典型的代表，所谓的蓝调地中海风格只不过是一种想象，或者至少是偏颇的、狭隘的。但就我个人而言，这些概念可算作科普知识，对于实际家装的指导意义不大。正如前面所说的，不必拘泥于概念，风格的定义对于大部分业主来说只是为了方便交流。其他如欧式风格、美式风格、日式风格等，也不一定就是当地民居的样子，它们进入国内，必然要经过一番洗礼和改良，使之更适合国人的功能需求和审美情趣，当然也受到户型的限制。或者这里也可以折中一下，将国内的蓝调地中海风格称作海洋风格。

◎ 法式风格

　　巴黎被称为"浪漫之都"，所以法式风格（French Style）的室内设计同样充满了浪漫情怀，时尚且富有感染力。室内家具多为纤细的曲线造型，无论是沙发、座椅、柜体还是床的腿部都有一定的弧度，轻盈优雅，细节处理上注重雕花、线条，制作工艺精细考究，散发出高贵优雅的气质。

法式浪漫风格（源于 Samar Yosry）

◎ 东南亚风格

　　东南亚风格（Southeast Asian Style）是一种结合了东南亚岛屿特色及精致文化品位的家居设计方式。由于地处多雨富饶的热带，就地取材是这一地区家居最大的特点。家具多用实木、藤条以及竹子等材质，多数只是涂一层清漆作为保护，尽量保持原始材料的色调。工艺上也以纯手工编织和打磨为主，原汁原味，这些材质会使居室显得自然古朴。与之相呼应的饰品也大多拥有简单自然的外观，金属、机械制品较少，色彩通常在中性之上或较为鲜艳，形状和图案多与宗教神话有关，透露出独特的异域风情。

东南亚风格

◎ 后现代主义风格

后现代主义（Postmodernism）是一种在形式上对现代主义进行修正的设计理念，强调建筑及室内装潢应具有历史的延续性，但又不拘泥于传统的逻辑思维方式，探索创新造型手法。多元化、不确定性是后现代主义的根本特征。

不同于现代主义的简朴和理性，讲究装饰、充满戏谑是后现代主义对现代主义的反叛。后现代主义主张新旧融合，不排斥对古典元素的符号化利用；同时，利用新材料、新科技等元素，加上夸张的色彩和造型甚至卡通形象，打造出轻松世俗的空间特点。从这方面来看，后现代主义设计将人们从简单、枯燥的机械化生活中解救出来，重新回到真实感性的世界。

后现代主义风格

> **提示**
>
> 每种风格都不止一种表现形式，所配图片仅有助于大家理解各种风格的大致特点和差别，并不能完全代表该风格。

1.3 北欧风格的设计原则

北欧风格以简洁实用著称，崇尚自然，尊重传统工艺技术，并影响到后来的"极简主义""简约主义""后现代主义"等设计风格。尤其是在产品设计方面，北欧风格可以说引领着世界的时尚潮流。然而真正使其风靡全球的还是其充满人情的设计理念——"大众应能享受美好且有用之物"。

在家居设计方面，北欧风格"轻装修、重装饰"，硬装大都很简洁，没有繁复的图案纹样和雕花线脚。后期装饰则非常注重个人品位的体现，讲究运用线条和色彩的配合来营造整体的空间氛围。

1.3.1 选择北欧风格的理由

和所有的设计风格一样，由于市场营销的误导，很多人对北欧风格有一定的误解。北欧风格既不是简陋的"木地板、大白墙"，也不是华而不实的"奢侈单品的堆砌"，而是以"人的活动"为导向，深思熟虑后的功能布置，以及实用且充满质感的家具陈设。

◎ 轻装修的代表

　　在现代社会里，物品及潮流的更新换代太快了。一方面我们的喜好甚至住处会随时发生变化，北欧风格重视软装设计，所在的空间简洁清淡，可以很方便地通过变换布置来营造出新的视觉效果；另一方面，大量的信息涌入我们的工作、生活中，于是我们开始希望自己的家里简单一些，为自己的生活留出轻松惬意的空间。

简洁的轻装修（源于 NORDICO）

◎ 风格的包容性

　　北欧风格的包容性很强，既可以精致，又可以古朴。作为家居风格的基础，北欧风格能与现代、日式、工业甚至新中式风格完美混搭，以满足不同人的个性化需求。

北欧风格与其他风格的混搭（源于 NORDICO）

◎ 审美层次的提升

国内装修市场在经历了法式、美式、欧式、简欧等风格之后，越来越多的人开始接受现代风格、北欧风格的家居设计，这也是审美发展的必然趋势。只有在经历过繁华之后，才能接受简单实用，才能体会到平平淡淡的真趣。

◎ 家居品牌的发展

北欧风格的家居陈设备受大家喜爱，这和其优秀的家具、家居产品设计是密不可分的。近年来，国际品牌的引入及国内品牌的兴起，国内家居用品市场的设计层次飞速提高，为软装市场奠定了基础，可选择的范围越来越大。北欧风格的家具、灯具的造型简约，可以混搭，哪怕是自行搭配，也相对容易实现好的效果，至少不会出错。

北欧风格家具的搭配（源于 ferm LIVING）

◎ 预算的合理分配

北欧风格的家具搭配讲究设计和质感，与其把有限的钱花在各类无用的线脚和雕花上，不如买一些舒适实用的家具、电器，并且搭配出来的效果不差，使用上也更加便利，何乐而不为呢？

1.3.2 北欧风格的软装要素

◎ 色彩

北欧风格充满了多元性，不是一个固定的样板所能体现的。家居色彩同样如此，可以是黑白的冷峻，可以是木色的温馨，也可以是红黄蓝绿的清新活泼。但大部分背景色还是以白色为主，可能会有局部墙面采用灰色或带有灰度的蓝、绿色，辅以整体的木地板铺陈。主要家具的色调也以素雅的中性色为主，但会通过色彩鲜艳的小家具、布艺、装饰画等元素来点亮空间，有助于丰富室内空间层次，营造温馨亲切的生活氛围。

以白色背景为主的北欧风格家居色彩（源于 ZROBYM）

◎ 家具

北欧家具轻盈简约、相对低矮，强调实用性和舒适性，材质上以松、橡、枫、桦等原木为主，尽可能地保留了原材料的质感和肌理，展现出朴实淡雅的自然韵味。部分小型家具会采用金属作为材料，用最直接的线条勾勒出时尚、纯粹的美感。

北欧风格家具（源于 Fritz Hansen）

◎ 灯饰

对于简洁的北欧家居来说，灯具是室内空间的重要装饰。除了照明的功能外，区域灯光还起到了空间划分的作用，往往一盏（组）灯就意味着一个独立的区域。北欧风格的灯具设计，或自然，或朴拙，或古雅，或时尚。灯具在很大程度上决定了空间的"性格"，造型简洁大方，颜色多样，材质多以铁艺为主，或搭配实木、混凝土、黄铜等元素。

北欧风格的灯饰（源于 ferm LIVING）

◎ 装饰画

装饰画作为美化墙面的重要元素，不仅能给人带来视觉上的享受，还可以增添家中的艺术气息，体现屋主的格调和品位。但装饰画绝不是越多越好，应注意墙面留白和整体空间的节奏，在一个空间环境内形成一两个视觉焦点即可。

装饰画与家具的搭配（源于 INT2）

◎ 布艺

布艺是软装设计中不可或缺的要素，由于它本身有着柔软的质感，又有着多样的颜色和图案，可以营造出温暖、舒适的氛围。常见的布艺除了窗帘、地毯外，还有抱枕、桌布、床品等，对于提升家居档次、体现居住者的品位同样至关重要。

布艺（左图源于 ferm LIVING，右图源于 NORDICO）

人生至美是清欢。

舍弃刻意的跟随，回归生活最真实的状态

生活也不是断舍离，生活是繁杂却简单的平淡日子。

生活不是小确幸，

……中，绿植肯定是必不可少的装饰物，或大株，或小棵。它们可以安……、桌面、茶几上、斗柜中等，不一而足。一抹充满生机的绿意，……其是搭配上合适的花器，又给家居环境带来了一丝文艺的气息。

彰显北欧风格的装饰物——绿植（左图源于 Craftifair，右图源于 IKEA）

工艺饰品体量虽然不大，但对调节家居色彩、丰富空间层次、烘托室内氛围能起到画龙点睛的作用。

小摆件（源于 ByLassen）

◎ 日用品

品质在于细节，对于讲求质感和人情的北欧家居来说尤其如此。餐具、托盘及各类收纳用品是日常生活的重要组成部分，在满足功能所需的同时，其装饰作用也不容忽略，至少不能让这些生活的必需品成为格调的破坏者。

日用品的装饰作用（源于 HAY）

日用品的装饰作用（源于述物）

第 **2** 章

软装搭配要素
——色彩和图案

本章学习要点

» 色彩基础
» 空间配色
» 常见家居色彩搭配
» 图案肌理

色彩和图案是软装设计中的重要因素，也是其他家具家饰搭配的重要依据。在选择整体的配色方案时，既要满足个人喜好，根据居住者不同的年龄、职业或性格，打造出或踏实稳重、或活泼靓丽、或自然亲切、或时尚现代的家居体验，又要考量到空间的不同用途，选择恰当的、符合使用情景的色彩组合。同时还可以利用某些颜色和纹理的特性来弥补现有户型不可避免的缺陷，在视觉上对空间的大小、高矮、明暗进行调整。

室内空间的色彩和图案（源于 INT2）

2.1 色彩基础

　　大到建筑、城市、自然景观，小到服装、蔬果、交通工具，色彩无处不在，是所有物象的重要属性。人们对色彩的初步了解是感性的，终极认知也是水到渠成的感性，但前者是无意识的印象，后者则是自然而然的结果。在这个转化过程之中，必然要经过一个理性的阶段。对于家居配色来说，适当了解一些基础知识，遵循色彩的基本规律，能让我们更好地运用颜色数量和面积比例来搭配出更加舒适、自然的整体效果。

色彩影响着人们生活的方方面面

2.1.1 色相

缤纷多彩的颜色可分为两大类：有彩色系和无彩色系。有彩色具有 3 个基本属性：色相、明度和饱和度。无彩色即饱和度为 0 的颜色，也就是我们常说的黑、白、灰。

色相（Hue）即各类色彩的相貌称谓，是有彩色系的最大特征，是区分不同颜色的确切标准，如常说的红、黄、蓝以及群青、翠绿等。

常用的十二色相环包括红、黄、蓝 3 个原色，橙、紫、绿 3 个间色（亦称二次色），以及红橙、黄橙、黄绿、蓝绿、蓝紫、红紫 6 个复色（亦称三次色）。其中红、橙、黄区域即我们常说的暖色，蓝色区域为冷色，紫色和绿色则属于冷暖平衡的中性色。

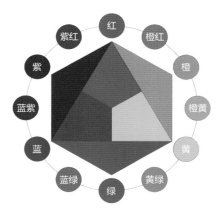

十二色相环

色彩排列井然有序的色相环可以帮助我们更好地理解各个色彩之间的邻近对比关系。例如我们常说的同类色、类似色、邻近色、对比色、互补色，这些概念都可以通过色相环来定义。

同类色指色相环内 15 度夹角内的不同颜色，它们深浅明暗不同，但色相性质相同；类似色指色相环内 60 度夹角内的颜色，各色之间含有共同色素，往往在视觉上给人以近似之感；邻近色为色相环中相距 90 度，或者相隔五六个数位的两种颜色，它们稍有差异，但整体感觉还是平静调和的；对比色指在色相环上相距 120 度左右，呈现明显差异的颜色，对比色的组合是赋予色彩表现力的重要方法；互补色指在色相环中相距 180 度的颜色，对比关系最强，更富刺激性，但需要较高的配色技巧来驾驭。

蓝、绿邻近的组合，平静沉稳
（源于 Muuto）

红、黄对比的搭配，时尚艳丽
（源自 Joaquín Trujillo）

红、绿互补色作为点缀
（源自 IKEA）

总的来说，将色相环上相距较近的色彩相组合，能形成稳定、内敛的感受；而将相距较远的色彩组合，则能营造出时尚活泼的氛围。

2.1.2 明度

明度（Bright）指色彩的明亮程度，代表了色彩深浅明暗的变化。一般来说，物体对色彩的反射率越高，明度就越高，所以白色在所有颜色中最亮，黑色最暗。除了黑、白、灰，不同色相的纯色的明度也有高低之分，其中黄色明度最高，蓝紫色明度最低，红色和绿色为中间明度。而对于相同色相的颜色来说，加入黑色会使明度降低，加入白色则会让明度提高。

色彩的明暗变化

明度高的色彩给人轻盈明快的感受，明度低的色彩则呈现出厚实稳重的效果。不同明度的色彩组合中，明度差异越小，彼此的界限感也就越弱，显得平和雅致；反之，对比越强，越凸显立体感和空间感。

纯净轻快的亮色空间

沉稳大方的暗色空间

精致立体的黑白空间

2.1.3 饱和度

饱和度（Saturate）也叫纯度，指原色在色彩中所占的百分比，通俗地说就是指色彩的鲜艳程度。原色是纯度最高的色彩，加入黑、白、灰或者补色，颜色的纯度就会降低。

饱和度高的色彩鲜艳活泼，但给人的感官刺激较大，通常只用作局部装饰；饱和度低的色彩素雅大方，体现出的性格特征较为内敛，显得成熟高级，适用范围更广。在组合效果上，色彩的 3 个特征都遵循同样的原则：差异越小，越稳定平实；对比越强，则越有层次感、越富有张力。

高饱和度的色彩点缀（源于 ZROBYM）

低饱和度、高明度的色彩空间（源于 NORDICO）

低饱和度、低明度的色彩空间
（源于 PLASTERLINA）

2.1.4 色立体

色相、明度和饱和度是不可分割的 3 个元素，它们共同构成了千变万化的色彩。为了方便理解和应用，我们可以借助"色立体"这一概念。具体地说，色立体就是将色彩按照 3 种属性，有秩序地进行整理、分类而组成有系统的色彩体系。这种体系借助三维空间形式，来同时体现色彩的色相、明度、饱和度之间的关系。

这样就可以从色相、明度、饱和度等方面来定义空间色彩的整体倾向了，也就是常说的色调。色调决定了我们对物体的整体感觉，如冷色调和暖色调、亮色调和暗色调、单一色调和多种色调等。

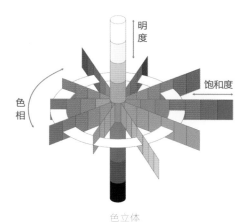

色立体

冷色是后退色，沉静深远（源于喜维设计）

暖色是前进色，活泼亲切（源于 LAUREN）

2.2 空间配色

物体的颜色不是孤立存在的，还有很多相关要素影响着色彩所呈现的效果，如面积、形状、位置、肌理、搭配数量等。

对于家居空间来说，不仅有墙面、地面、顶面、门窗等界面，还有各种家具及装饰品，这些物体的色彩面积或大或小，距离或远或近，共同构成了生活环境的视觉印象。在搭配设计中，通常把室内空间中的色彩分为 4 种角色，即背景色、主体色、配角色和点缀色。每种角色中不一定只有一种色彩，尤其是配角色和点缀色。

空间里的色彩构成是立体的、多维度的（源于 IKEA）

背景色

主体色

配角色

点缀色

家居配色的角色分解

2.2.1 背景色

背景色通常指室内的墙面、地面、天花板或者地毯、窗帘等大面积的界面色彩，是家具陈设的背景和基础，它决定了空间整体的配色带给人的印象。通常根据想要营造的氛围来选择空间背景色，如柔和的色调给人清新淡雅之感，鲜艳的背景色则会给人热烈活跃的印象。

墙面色彩对室内效果影响最大
（源于 JORYA 玖雅）

大面积的窗帘也是重要的空间背景
（源于 ferm LIVING）

深灰色　　石灰蓝　　孔雀绿　　清新绿　　粉红色　　浅灰色

北欧风格常用背景色一览

2.2.2 主体色

主体色通常指空间内主要家具或大型陈设的颜色，是整个家居环境的视觉中心，也是选择搭配其他颜色的重要依据。当主体色和背景色相近时，整体的空间效果是稳重协调的，反之则给人以活泼生动的感受。

客厅的沙发、餐厅的桌椅通常是各自空间的主体（源于 BoConcept）

2.2.3 配角色

配角色通常指一些小型家具的颜色，如休闲椅、茶几、床头柜等，其作用在于陪衬主体色，使空间色彩及视觉效果更加丰富。配角色面积不大，所以在选择上相对灵活一些，但往往能出奇制胜。如果说背景色和主体色决定了一个空间配色的好坏，那么配角色的选用则决定了好的上限。

茶几和单人椅的色彩让空间效果更为丰富（源于 INT2）

2.2.4　点缀色

　　点缀色是相对主体色而言的，通常指抱枕、墙饰、绿植、摆件等易于调整的小面积色彩。一般情况下会选择鲜艳饱和的颜色作为点缀，这样的颜色在空间内的表现力很强，有画龙点睛的效果。

橙色的抱枕和窗台的绿植打破了空间的单调感（源于 term LiVING ）

2.3　常见家居色彩搭配

　　色彩有冷暖、明暗、轻重之分，组合在一起更会产生不同的视觉感受和心理反应。在选择室内配色时，要根据个人喜好及风格特征综合选择。对于北欧风格的家居空间来说，常见的有以下几种搭配，这些搭配互相之间并不矛盾，可能会同时出现在一个案例当中。

2.3.1　黑白灰

　　无论是素描还是黑白摄影，无彩色系所创造的层次分明的意象是人们有目共睹的。简约雅致的黑白灰既是经典的色彩搭配，又在时尚中占有一席之地。对于家居设计来说同样如此，只要合理搭配黑、白、灰的比例，同样可以呈现出好的效果。

有灰色过渡的黑白空间更加典雅（源于 Zapraszam）

无灰色过渡的黑白空间更加立体
（源于 PLASTERLINA）

2.3.2 单色调

不同的色彩有不同的性格和象征意义，如红色喜庆、黄色温暖、蓝色安静、绿色自然等。我们往往会选择某个色调作为居住环境或某个独立空间的主导，来反映家居的风格或个人的审美喜好。在北欧风格中，低饱和度的蓝色和绿色较为普遍，黄色和粉红色通常是根据居住者的特点而选择的个性化色彩。一般情况下，会搭配两三种邻近色或不同明暗、不同饱和度的同类色，在保证和谐的前提下使空间层次更为丰富。

粉色或蓝色搭配白色，营造出柔和亮丽、和谐统一的空间氛围（左图源于 IKEA，右图源于 Emma Wallmen）

2.3.3 与原木色搭配

原木色稳重不失清新，简单却质感十足，就算是在其他色彩主导的空间内，也常常见到原木色的身影。而以原木色作为基调的生活空间，则会呈现出清雅怡人、舒适自然的独特魅力，备受大家欢迎，甚至有了一个约定俗成的称谓：原木风格。

质朴自然的原木风格（源于乐创空间）

2.3.4 对比搭配

无论是对比色还是互补色，色调上的差异会增加空间的紧凑感，具有一定的视觉冲击力，能营造出开放明朗、时尚活泼、鲜艳醒目的生动气氛，给人留下深刻的印象。但设计中不适宜采用过多的色彩或大面积的对比，否则容易造成搭配上的混乱。

背景色之间的对比（源于 PLASTERLINA）

主体色和配角色对比（源于 Fritz Hansen）

2.3.5 清新色系搭配

在纯色中混入大量的白色，原来纯色的刺激感会降低，呈现出柔和、甜美的气质，这就是常说的清新色系。因为每一种色彩都很淡雅，哪怕是不同的色调，彼此之间的对立关系也没有那么强烈，所以小清新的家居空间往往色彩缤纷，但整体上又不失爽朗雅致。

清新对比的背景色和配角色
（源于本墨设计）

明度高、饱和度低的背景色和主体色
（源于 ZROBYM）

2.3.6 色彩构成搭配法

　　色彩构成是所有设计门类都会用到的手法，即利用色彩的不同形状、大小、位置创造出更为丰富多彩的视觉效果。相较于常规的色彩分配，色块在空间内的使用更为灵活，一种颜色可能会同时扮演多个角色，既是背景色，又是装饰色。

用色彩加强背景墙的视觉中心效果（源于 NORDICO）

角落的几何图形界定出独立的区域属性
（源于 IKEA）

沉稳大方的半漆面墙，丰富了空间层次
（源于 Petand&Small）

门窗、家具同样是色彩构成的重要元素
（源于 ZROBYM）

2.4 图案肌理

借助图案和肌理的变化，能让室内环境更加丰富，体现出不同家居风格和空间用途的独特魅力。如家里较为开放的公共空间可以选用动感的图形或粗犷的肌理，而卧室、书房等功能区域则适宜选用安静、平和的图案，对于儿童房来说，鲜艳、明亮、富有趣味性无疑是更恰当的选择。

2.4.1 图案装饰

在北欧风格中，家具通常以素雅的纯色或木质为主，所以图案设计多用于墙面、地面背景或装饰品点缀。但在同一个视线范围内，不宜出现过多种类的图案。如果要制造差异化的丰富效果，最好也能寻求某个方面的统一，或风格相类，或色调近似，或质感协调，同时要分清图案的主次。

自然、城市等具象图案

几何、线条等抽象图案

横向条纹有水平扩充的感觉，能让房间显得更为宽敞，但会在视觉上压低房间的高度；竖向条纹则相反，强调垂直方向的趋势，能增加房间视觉上的高度，但会让房间显得相对狭小。所以在选择图案时，要根据房间自身空间的特点来确定，取长补短。

壁纸也称为墙纸，通常用于家居空间的四周墙面或重要背景墙面的整体铺陈；而墙贴则多用于墙面局部装饰，同样有不同的题材和样式可供选择。

波浪条纹兼具横向和竖向的趋势
（源于 wallsrepublic）

利用胶带纸 DIY 的简单线条图案
（源于 Bonny）

无论是抱枕、地毯、桌布、床品等布艺装饰，还是收纳篮、餐具等日常用品，生活中的很多物象都包含着图案设计，都对整体空间的外观和品位产生了或多或少的影响。

采用不同图案设计的布艺（源于 ferm LIVING）　采用不同图案设计的收纳篮（源于 ferm LIVING）

2.4.2 肌理质感

    无论是哪个方面的设计，肌理都与之有着千丝万缕的联系，家居设计中同样如此。无论是实木、岩石等天然材料，还是金属、塑料等人工材料，都有着自身独特的触感和肌理，如实木的亲切温暖、金属的精致高冷、水泥的粗犷厚重、玻璃的通透轻盈等。可以利用这些肌理带给人的不同审美情趣和心理感受，来打造具有不同个性的空间氛围。

    色彩、图案和肌理是同时存在的属性，共同影响着最终的装饰效果。如木地板自然舒适，但由于材质的不同，其硬度、色泽和纹理也存在的较大的差别；瓷砖或古朴、或时尚，其大小、肌理、形状、颜色、图案都是对装饰效果有重要影响的因素。

粗犷的砖墙，反衬出现代家具的精致感
（源于 NORDICO）

地面材料的色泽和纹理

    对于家居环境来说，不只是墙面和地面，其实每一件家具、陈设品带给我们的感受，都受到其自身肌理和质感的影响。

质朴自然的实木茶几

轻盈时尚的金属／玻璃茶几（源于 ByLassen）

朴素随性的亚麻桌布（源于失物招领）　　　　柔软舒适的纯棉床品（源于 ferm LIVING）

顺滑优雅的毛皮靠毯（源于 BoConcept）

第 **3** 章

软装搭配要素
——家具的选择和布置

本章学习要点

» 客厅家具的选择和布置
» 餐厅家具的选择和布置
» 卧室家具的选择和布置
» 书房家具的选择和布置
» 儿童房家具的选择和布置
» 玄关家具的选择和布置
» 厨房家具的选择和布置
» 卫浴家具的选择和布置

家具的选择和布置是软装设计的核心，要综合考虑其功能性、实用性和安全性。既要符合人体工程学，又要满足合适的空间尺度感，要根据居住者的使用要求和居室的面积大小来决定家具的款式和数量。

在布置家具时，首先要保证家具的可用性，即在合适的位置留出足够的区域供人们使用；其次要考虑人在空间内的活动，根据居住者的行为模式留出尽可能方便、直接的流线；再次还应该注意一些高大的家具是否影响了光照和通风；最后考虑的才是家具的样式，无论是尺寸、大小，还是色彩、造型，都与整体的家居风格息息相关。任何一件家具都不是孤立存在的，需要合理地摆放和搭配，彼此协调，与整体环境和谐，这样才能创造出好看、好用的家居设计。

家具是整体环境的有机组成部分（源于乐创空间）

3.1 客厅家具的选择和布置

客厅（Living Room）也叫起居室，是居家生活中使用较为频繁的空间，承载着家人娱乐、招待会客的重要功能，所以一般装修设计都会把客厅作为房屋的中心来打造。客厅家具的选择和搭配，既要符合使用上的功能需求，又要能体现主人的品位和格调。

3.1.1 客厅家具组成

沙发　　　　　　茶几　　　　　　电视柜　　　　　休闲椅　　　　　边桌　　　　　斗柜

1. 沙发

作为客厅中不可或缺的家具，沙发在客厅中占面积最大、最抢眼，所以业主往往会花费很多的精力来挑选一款舒适美观的沙发。同时，沙发也是客厅中其他家具摆放的基础，对家居风格起着举足轻重的影响，往往决定了生活的基调。

◎ 材质

沙发表面的常用材质一般有布艺、皮质和实木 3 种。

布艺沙发　　　　　　　　皮质沙发　　　　　　　　实木沙发

其中布艺沙发的应用最为广泛，现代、简约、北欧等风格大多以纯色的布艺沙发为主，颜色常见的依次有灰色、米白、石灰蓝、墨绿等。

其次是皮质沙发，常用于美式和后现代风格，富丽华贵、大气耐看。而北欧风格中的皮质沙发，在保持它豪华气质的同时，融合了轻快、简洁的造型，色彩也更加丰富，极富时尚感。

木质沙发造型雅致，温馨舒适，符合追求自然的设计理念，在日式、新中式等风格中较为常见。

◎ 尺寸

沙发的尺寸大小取决于家庭人口数量和户型面积两个方面，一般来说，沙发会占到客厅面积的 1/4 左右。其中以三人座沙发最为多见，长度通常为 1 800 mm~2 400 mm；如果客厅空间较小、常住人口不多，也可以选择双人座沙发，长度通常为 1 250 mm~1 600 mm；而在客厅面积较为宽裕时，则可选择三人拐角或四人座沙发，还可搭配单人沙发、脚踏凳、休闲椅等坐具来丰富空间的层次。

长度决定了沙发的容量，而宽度和高度则在一定程度上决定了沙发的舒适度。一般来说，座深越大，靠背越高，坐起来也就越舒服，但会占用更大的视觉和空间比重。

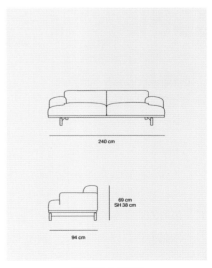

240 cm

69 cm
SH 38 cm

94 cm

沙发的尺寸参数

宜家奇维布艺沙发

mini more Cookie 布艺沙发

涵客家居布丽娜布艺沙发

维莎原木转角沙发

吱音暖眠沙发床

west elm Axel 真皮沙发

MUUTO Rest 布艺沙发

HAY Mags 布艺沙发

normann Era 小户型沙发

2. 茶几

　　茶几一般放置在沙发的正前方，用于摆放和收纳日常用品，如茶具、水果、书籍、遥控器等。有些茶几还具有升降办公的功能。这类小家具的设计往往没有严苛的标准，所以造型、款式、色彩的选择多种多样，对于丰富客厅层次、提升空间品位有不可或缺的作用。

　　常见的茶几样式有方形、圆形或椭圆形，材质多为实木、铁艺、玻璃、大理石等。按布置形式划分，茶几可分为独立茶几和组合茶几。单独摆放的茶几通常尺寸较大，近来较流行小茶几的组合，这种组合具有布置灵活、方便移动等优点。

充满创意的茶几设计
（"Coin" Tables）

升降茶几

层次丰富的大小茶几组合

◎ 常用茶几推荐

MUUTO Around Coffee Table

HAY Tray Table

normann Tablo Table

悦见家居收纳茶几

二黑木作胶囊形茶几

涵客家居可拆分玻璃茶几

3. 电视柜

　　电视摆放所依靠的墙面称为电视背景墙，它是客厅空间重要的视觉焦点。在电视背景墙的设计中，通常都少不了电视柜的存在，即使越来越多的人开始选择壁挂电视，电视柜仍有其重要的实用功能和装饰作用。电视柜的合理选择和摆放不仅能遮挡电源线和设备连接线，还能更好地收纳影音设备和影音资源。

　　在选择电视柜时，一方面要考虑其尺寸，电视柜的尺寸通常由房间大小和墙面长短综合决定，同时注意与电视机的比例关系要协调；另一方面要注意其材质、色调、造型等外观因素与整体风格的统一。

电视柜是电视背景墙的重要组成部分（源于 ZROBYM）

随着室内设计的发展，电视柜的形式也越来越多样化，在设计的时候绝不能仅考虑柜子放置的问题，而要从整体的家居设计出发，用更为美观实用的方式来打造空间，使电视柜成为家居空间的有机组成部分。

常见的电视柜形式可分为地柜式、组合式和定制式 3 种。地柜式电视柜占用面积小，布置简单，是现代家居生活中使用最多的电视柜形式。组合式电视柜则是在地柜的基础上，增加了具有设计构成感的吊柜，既增加了墙面的收纳能力，又具有很好的装饰性。定制式电视柜则是将电视背景墙作为一个整体，利用定制家具的适配性，根据自身户型的特点来打造的具有超强收纳能力的集成壁柜。每种电视柜形式都各有利弊，需根据自身喜好、风格定位及经济预算等各方面条件来做出选择。

地柜式电视柜（源于眠音）

组合式电视柜（源于 Livarea）

定制式电视柜（源于嘉维设计）

◎ 常用电视柜推荐

维莎原木电视柜（独立式）

宜家贝达电视柜（可组合）

伊莱克创意电视柜（可组合）

吱音安吉也长柜（独立式）

小满北欧柚木复古电视柜（独立式）

厌式房间叶司电视柜（独立式）

4. 休闲椅

　　单人沙发、休闲摇椅等独立坐具通常摆放在沙发的一侧，是客厅功能的重要补充，不仅能增添客厅可容纳的入座人数，同时还能起到围合空间、点缀空间的效果。休闲椅通常可以选择一些经典的设计品，对于空间格调能起到很好的提升作用，也可以选择一些富有创意的产品来增添家居环境的趣味性。

休闲椅应具有美观、舒适的双重属性（源于 NORDICO）　　　　　创意坐具增添了客厅的趣味性（源于木墨）

◎　常用休闲椅推荐

伊姆斯摇椅　　　　　　　　　　贝壳椅　　　　　　　　　　　　蝴蝶椅

宜家斯佳蒙靠背椅　　　　　　　致家家居沙发椅　　　　　　　　MUJI 懒人沙发

5. 边桌

　　边桌也叫角几，是客厅中利用率较高的小家具，通常摆放在沙发或休闲椅的一侧，用于放置台灯、书籍等物品。其功能类似于床头柜，但体量更为小巧、便于移动。

边桌分担了茶几的部分功能（源于 normann）

◎ 常用边桌推荐

宜家格拉登托盘桌

InYard 三色边桌

纽扣边桌

涵客实木吉他边桌

HAY DLM 提手桌

ferm LIVING 带盖收纳筐

6. 斗柜

　　斗柜是家居生活中常见的收纳家具，款式多样，布置灵活，用在客厅空间中时，通常摆放在沙发或电视柜的一侧。其除了柜内的储放功能，台面上一般会装饰一些绿植、摆件、装饰画等，不仅增添了局部景致的美观性，更提升了整体空间的层次和品质。

斗柜摆放在沙发一侧（源于厌式房间）　　　　根据自身的空间特点选择斗柜摆放
位置（源于 INT2）

◎　常用斗柜推荐

熹山工房杂志柜　　　　　　　经典款实木斗柜　　　　　　　厌式房间五斗柜

木邻自由组合格子　　　　　　宜家汉尼斯抽屉柜　　　　　　好也多功能储物柜

3.1.2 客厅的常见布局

如果把软装设计比作美食的制作，那么选择各个家具就像是在准备食材，但最终的宴席是否美味可口，除新鲜优质的原材料外，很大程度上还要取决于如何烹饪。由于每个家庭的户型各异，需求和喜好也不尽相同，所以家具的搭配和布置方式也是多种多样的。

对于客厅空间来说，根据主要家具的相对关系，其布局方式主要可分为 3 种：直线型布局、围合型布局和自由布局。

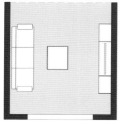
一字形沙发布置

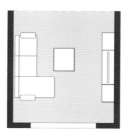
L 形沙发布置

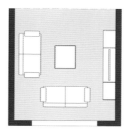
半围合布置

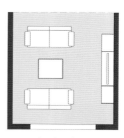
相对型布置

1. 直线型布局

国内一些户型的客厅面积在 15 ㎡左右，且多采用直线型布局。这种布局方式的特点就是沙发、茶几、电视三者的中心在一条直线上。无论是选择一字型沙发或 L 型沙发，独立茶几或组合茶几，这种布局所代表的生活方式往往都是以电视墙为中心的。

一字形沙发和组合茶几

L 形沙发和独立茶几（源于 INT2）

2. 围合型布局

围合型布局又可分为半围合布置方式和相对型布置方式,其通常由两个以上的沙发及单人椅组成,自然而然地围合出一个独立的区域,区域中间放置茶几。这种方式在一定程度上弱化了电视墙的中心感,更加注重人与人之间的交流。

半围合布置的沙发,可以是整体的转角沙发,也可以由两个分体沙发组合而成
(源于 NORDICO)

相对布置的沙发(源于 NORDICO)

3. 自由布局

"世间人，法无定法，然后知非法法也"。所有的约定俗成都有其传承性和合理性，但并不代表这就是唯一的选择。在某些特殊的空间条件下，为打造某种家居氛围，跳出既有的条条框框，往往能起到"峰回路转，柳暗花明"的效果。比如客厅面积较小，或者业主单纯地喜欢灵活开阔的感觉，与其勉强塞进一个大沙发或传统的"三件套"，倒不如随意地摆放两个小沙发，反而可能会让客厅变得更加舒适、美观。

自由布局1（源于NORDICO）　　　　　　　　　自由布局2（源于INT2）

3.2 餐厅家具的选择和布置

餐厅（Dining Room）是为居住者提供就餐环境的区域，可以是独立的房间，也可以是客厅或厨房的一部分。餐厅的主要家具包括餐桌、餐椅和餐边柜，个别家庭会根据需求设置吧台和酒柜，以满足个人的生活习惯和品味。

北欧风格餐厅全景（源于ZROBYM）

3.2.1 餐厅家具组成

| 餐桌 | 餐椅 | 卡座 | 餐边柜 | 吧台 |

1. 餐桌、餐椅

餐桌和餐椅是餐厅中最主要的家具。常用的餐桌有方桌和圆桌两种形式，其对家居环境的风格和氛围有较大的影响，但原则上还是应根据空间条件和家庭需求来选择。

餐椅的数量与餐桌大小和就餐人数有关，其在样式的选择上没有严格的要求，既可以选择相同的款式，也可以搭配不同造型或色彩的座椅来丰富空间的层次。但为了节省空间和方便人员走动，通常会选择不带扶手的椅子。

餐桌椅组合（源于 INT2）

◎ 常用餐桌推荐

宜家诺顿折叠式餐桌

吱音森叠可加长餐桌

伊姆斯圆桌

斐力家居实木餐桌

HAY 哥本哈根 CPH30 餐桌

实木板或老门板 DIY 餐桌

◎ 常用餐椅推荐

伊姆斯靠背椅

温莎靠背椅

牛角椅

MUUTO Nerd 椅

Tolix 铁皮椅

HAY Hee 餐椅

Y 椅

mini more Bunny 餐椅

长条凳

2. 卡座

卡座在咖啡厅和茶室中较为多见，是将沙发和餐椅的功能综合精简而成的一种坐具，座位下面还可以用来储放物品。卡座适用于空间局促、单面靠墙的餐厅；而对于公寓来说，有时需要将餐厅和客厅合二为一，这种情况也多采用卡座的形式。

家庭餐厅多为单面卡座（源于 JORYA 玖雅）

3. 餐边柜

餐边柜，顾名思义就是放在餐桌旁的收纳柜，其除了具有储放餐饮用具的功能外，还具有很好的装饰性，往往能起到提升餐厅格调的作用。餐边柜有大有小，样式也不尽相同，有些带有实木柜门，有些带有透明的玻璃柜门，有些则是敞开的（可以起到展示的作用，但容易落灰）。对于空间较小而无法摆放餐边柜的餐厅，可以选择带有抽屉的餐桌，或者利用墙面设计几道搁板来满足收纳、储物的需求。

选择透明柜门的前提：餐具精美，摆放整齐（源于失物招领）

凡屋实木餐边柜

亨克尔餐边柜

木邻开放式餐边柜

光一多功能茶水柜

吱音圆方柜

小满北欧实木碗碟柜

4. 吧台

与其把吧台称为一件家具，我们更愿意将其看作一块休闲区域、一种生活方式。设计时通常会利用户型中余裕的空间来打造吧台，在设计时应充分考虑居住者的生活习惯，而不是人云亦云。闲置是一种浪费，而一个美观实用的吧台设计不仅能增加室内的造型感，还能起到隔断空间的作用。

好的吧台设计给人一种自然而然的感觉，而非刻意的堆砌
（左图源于 INT2，右图源于 JORYA 玖雅）

3.2.2 餐厅的常见布局

在实际的装修过程中，餐厅如何布局应该是在家具选择之前考虑的问题，因为只有综合考虑了空间特点和使用人数后，才能确定餐桌的形式和餐椅的数量。

1. 不同桌椅形式的布局

长方形餐桌是常见的选择，其易于搭配，既可以摆放在餐厅的中心位置，也可以单边靠墙放置，如果有卡座或条凳等坐具，长方形餐桌就是最合适的；圆形餐桌的桌面利用率较高，适用于空间较小或无明确区域的餐厅，四周应留出一定空间，方便人们走动和就座；可拓展餐桌堪称小户型神器，在使用时可根据用餐的人数来选择打开方式，平时则折叠起来以节省空间。

长方形餐桌（源于 MUTTO）

靠墙的卡座，上下都可设计为储物空间
（源于 JORYA 玖雅）

圆形餐桌（源于 HAY）

折叠餐桌（源于 IKEA）

2. 不同空间位置的布局

大部分城市户型的餐厅都与客厅连通在一个大空间内，不用刻意地去做一些硬性隔断，可以靠色彩、地毯或家具等来界定区域范围，这样显得宽敞气派。而如果餐厅就在厨房的附近，二者又恰好处在一个能独立的空间内，则可以将厨房和餐厅当作一个整体来考虑，这时候厨房的设计会更加灵活，甚至可以做出岛台。

靠色彩来划分客厅和餐厅的范围
（源于 PLASTERLINA）

整体设计餐厨区，可以使厨房的功能更加完善，还能增加生活中的互动（源于 ZROBYM）

3.3 卧室家具的选择和布置

卧室（Bedroom）又被称作卧房、睡房，是家居空间的必要组成部分，主要用于为居住者提供休息、睡眠的安静空间，兼具收纳衣物、被褥的功能。卧室作为相对私密的空间，其家具的选择以舒适、实用为主。

3.3.1 卧室家具组成

床　　　　衣柜　　　　床头柜　　　　梳妆台　　　　床尾凳

1. 床

床毋庸置疑是卧室中的主角，其占地面积大，是其他家具摆放的基础，其样式选择在很大程度上决定了卧室的风格。常见的床体材料有实木、板材、金属和皮革，常见的样式则有板式床、箱体床、四柱床和圆床，其中常用的是板式床和箱体床。

简约时尚、轻盈美观的板式床（源于霖山工房）

箱体床就像躺着放的衣柜，既能当寝具使用，又具有收纳功能，受到很多人的青睐，其缺点是床底的通风不够好。箱体床按开启方式主要可分为上掀式和侧抽式两种，上掀式开启较为不便，适合收纳不常用的换季衣物和被褥，侧抽式则需要在两侧预留使用的空间。

侧抽式箱体床（源于 IKEA）

上掀式箱体床（源于 IKEA）

二黑木作板式床   宜家汉尼斯板式床   宜家科帕达铁艺床

原始原素箱体床   Hancock 奥培布艺床   四柱床

2. 衣柜

衣柜是卧室中用以存放衣物的重要家具，开启方式有平开门和推拉门之分，常用主材包括实木板、指接板、大芯板、刨花板（密度板）和颗粒板。根据不同的制作和使用方式，衣柜又可分为成品衣柜、定制衣柜、开放衣柜 3 种。

成品衣柜具有固定的尺寸规格和空间设计，所使用的材料、工艺较为直观，所见即所得；定制衣柜通常需要根据户型设计定做，有一定的生产周期，但整体美观度更高，风格也更统一；所谓的开放衣柜指的是将收纳构件固定在房间的某一个墙面或角落，衣柜使用方式灵活，空间利用率高，而且收纳构件通常都是模块化的，收纳能力强且有针对性。

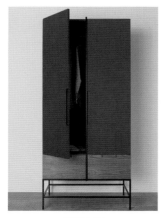

成品衣柜   定制衣柜   开放衣柜可用布帘遮挡灰尘及界定区域

对于面积较大的户型，可以将某个房间或者户型中的凹入部分打造成独立的步入式衣帽间，面积不用很大，重要的是进行合理的设计规划。其内部布局受空间形式和门窗位置的影响，常见的有 U 形排布、平行排布和 L 形排布。利用搁板、抽屉柜、挂架等不同收纳形式的巧妙组合，可以分区收纳，如挂放区、叠放区、内衣区、鞋袜区和被褥区等，同时应留出一定的活动空间。

除床体和衣柜外，有时卧室中也会补充一些其他的收纳用具，如斗柜、挂衣杆、收纳篮等等，不同的收纳层次可以使生活更加便捷。

步入式衣帽间

斗柜

顶装挂衣杆

落地挂衣杆（源于 Avenue）

收纳篮（源于 INT2）

3. 床头柜

床头柜是放置在床头两侧的小型立柜，高度与床一致或比床略高，台面上可以摆放台灯、书本、手机等物件，通常还会带有单层或多层的抽屉，用以存放日常用品。

床头区域是卧室的装饰重点，除常规的床头柜以外，还可以选择摆放其他的创意小家具，只要满足简单的台面收纳功能就可以了。这些没有过多束缚的想法，往往会成为空间设计的点睛之笔。

床头柜是床头的一道风景
（源于 ferm LIVING）

◎ 常用床头柜推荐

经典款高脚床头柜

北山家居床头柜

圆一家居多色床头柜

杂志柜

拉斯克小推车

Kartell Componibili 圆形储物柜

圆几

椅子 / 凳子

贝卡姆踏脚凳

带盖收纳筐

原木墩

壁挂置物格

4. 梳妆台

　　梳妆台是用来化妆造型的桌类家具。专用梳妆台通常自带镜子和化妆品收纳格；梳妆台也可以用普通的桌子代替，或兼作书桌。

专门设计的梳妆台（源于 IKEA）

普通的桌子可以搭配壁挂镜或台面镜
（源于 INT2）

5. 床尾凳

如果卧室开间有富余，可以选择在床尾摆放一条长凳，即床尾凳。床尾凳源于西方，是贵族起床后用于坐着换鞋的，也可以用来放置睡觉时换下的衣服，同时还能起到防止被子掉落的作用。

卧室除了睡眠、收纳、梳妆的功能外，往往还有一些其他的用途，如休闲、办公等，而这些用途则需要相应的家具来承载。所以，卧室中也经常会摆放休闲椅、书桌之类的家具，书中分别在客厅和书房章节对此加以说明，此处不再赘述。

床尾凳（源于卧式房间）

3.3.2 卧室的常见布局

卧室的布局受主观和客观两方面因素的影响，以实用、规整为主。主观因素即人的需求和喜好，客观因素即房间的开间、进深和门窗位置。

1. 常见的卧室布置平面图

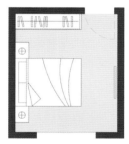

标准卧室布局

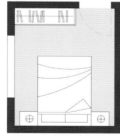

狭长卧室布局（一）

狭长卧室布局（二）

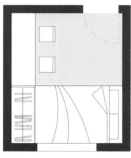

榻榻米式小卧室布局

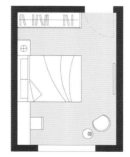

带休闲、办公功能的大卧室布局

带独立衣帽间的大卧室布局

67

2. 标准卧室布局

   常见的卧室是长方形卧室，通常床头会布置在与窗垂直、离门较远的墙面，而将衣柜设计在床一侧的实墙面。床和衣柜之间应留出足够的过道空间，方便上下床，同时易于存取床体内和衣柜里的物品。

标准卧室（源于 INT2）

3. 狭长卧室布局

   对于成品床和成品衣柜在卧室中的摆放来说，床头和衣柜都最好靠在实墙面，因此一个房间往往也只有一两种固定的布局：衣柜要么在床尾部，要么在床的一侧。但对于狭长的卧室空间来说，不妨试着换个思路，在床头所靠的墙面上定制整体衣柜，在床遮挡不到的地方设计柜门，这种方式不仅能增加衣柜的宽度，还能使空间更加整体。

衣柜的一侧可定制为工作台 / 梳妆台（源于 JORYA 玖雅）

4. 榻榻米式小卧室布局

借鉴日式榻榻米的形式，在靠窗位置定制箱体床；如果面宽有富余，还可以在一侧的墙面打造衣柜和书桌。

卧室兼书房（源于晓安设计）

5. 大卧室布局

如果卧室面积较大，既可以在常规布置的基础上，在靠窗一侧设置工作区和休闲角，也可以利用某个区域划分出独立的衣帽间。对于带独立衣帽间或独立卫浴的卧室来说，要注意内部开门的位置和清晰的流线规划，保证主空间的完整性和舒适性。中间的隔断既可以是实墙，也可以是置物架、布帘、玻璃、半墙等形式。

利用靠窗一侧的富余空间打造休闲角或工作区

睡眠区与衣帽间的隔断

3.4 书房家具的选择和布置

　　书房（Study），又称家庭工作室，是专门用于阅读、学习或工作的功能空间。其设计应在满足功能需求的基础上，尽量体现出使用者的兴趣、爱好和品位。书房用到的家具包括书桌、办公椅和书架，如果兼作会客室或次卧使用，则可再补充沙发、茶几或床等功能性家具。

3.4.1 书房家具组成

书桌　　　　　　办公椅　　　　　　书架　　　　　　沙发床

1. 书桌

　　书桌可分为成品书桌和定制书桌两种，桌面高度通常在 750 mm 左右，部分书桌会在桌面下设置抽屉，考虑到腿在桌下的活动，其净高不宜低于 600 mm。桌面深度一般为 600 mm，对于设计师等职业人群，可按需求加深至 750 mm 左右。书桌长度则应在满足使用需求的条件下，根据房间的大小选择或定制合适的尺寸。

书桌桌面使用场景

◎ 常用书桌推荐

宜家桌面和支架

joooi 多功能书桌

涵客家居铁艺书桌

北欧森林家居实木书桌

静研实木书桌

String 壁挂书桌

2. 办公椅

理论上讲，舒适性和美观度并不矛盾，但现实往往和预期存在差距。专业的办公椅舒适度高，但往往造型笨重、体量较大；而普通的靠背椅虽然好看，却不宜久坐。所以在实际选择家用办公椅时，应根据使用的频率来寻求舒适和美观之间的平衡。

◎ 常用办公椅推荐

伊姆斯扶手椅

HAY About A Chair

宜家隆菲尔转椅

3. 书架

　　书架是除办公桌椅外最重要的书房家具，可分为开放式书架和封闭式书柜。除了收纳图书和资料的功能外，书架的设计在很大程度上影响了书房的风格。书架在摆放时，可根据房间的整体布局选择与书桌平行或垂直摆放，但都应遵循就近原则，以方便取用书架上的物品。

书架应靠近书桌摆放（源于庆式房阁）

4. 沙发床

　　对于大部分的城市户型来说，设置独立书房应该算是件奢侈的事，所以书房空间往往还兼客卧之用。这时候摆放一张沙发床是最好的选择。如果是常用次卧兼书房，则可以考虑上一节中提过的榻榻米式小卧室布局。

小房间的书桌以靠墙或靠窗摆放为宜，以节省空间

3.4.2 工作台的常见布置

书房往往给人一种独立房间的感觉，所以这里采用工作台的说法，或者称之为"Home Office"。Home Office 是基于整体家居考虑的概念，强调空间的合理利用，将家具、办公设备、室内装饰有机组合，因地制宜，根据现有户型条件进行设置。

一张桌、一把椅、一盏灯足矣（源于 HAY）

1. 中心摆放

无论是独立书房还是某个开放的空间，将书桌摆放在区域的中心都给人以正式的感觉，但这样会占用更大的面积，适用于大户型。

中心摆放（源于 ZROBYM）

2. 靠墙摆放

　　将书桌靠在房间某堵合适的墙面是最常见的工作区设计方式，布置灵活，空间利用率高，正对的墙面可用来做吊柜或搁板以补充收纳能力的不足。

书桌摆放在沙发一侧或床头一侧，边桌的区域是常见的一平方米工作区打造方法（源于厌式房间）

3. 靠窗摆放

　　靠窗位置通常有充足的光线和视野，在布置时需注意屏幕眩光的问题，最好搭配百叶窗或窗帘等遮光物品。

无论是独立书房还是客厅、卧室的靠窗处，都可布置书桌
（源于 ZROBYM）

4. 结合家具定制

在定制客厅、卧室等空间的大型家具时，可考虑将局部区域设计为工作台，这种方式既美观实用，又节省空间，时下非常流行。

结合家具定制（源于意维设计）

5. 结合角落布置

家里经常会有一些角落不知道如何利用，弃之未免可惜，这时不妨将工作区作为一个考虑方向。如果买不到合适尺寸的书桌椅，为提高利用率，可以选择整体性定制书桌、书架。

结合角落布置书桌椅、书架（源于ZROBYM）

6. 阳台摆放

随着设计的精细化，阳台早已从单纯的晾晒衣物功能走向多元化利用。阳光无论是作为休闲区还是工作区，都成了家居布置的新时尚；但需提前做好规划，在改电时布置好电源和网络。

通常将书桌布置在阳台的一侧，墙面可设置搁板以收纳图书、文件等物品（左图源于 INT2，右图源于 ZROBYM）

3.5 儿童房家具的选择和布置

儿童房（Children's Room）通常会占用家里较小的一个房间，虽然面积不大，但承载着孩子的睡眠、学习和游戏的功能。儿童房家具的选择首要的就是安全环保，避免带有尖锐的棱角，以免儿童磕碰受伤。在布局时，家具的摆放应尽量紧凑，留出更多的活动空间。可搭配一些富有创意和教育意义的多功能产品，帮助培养孩子的观察、思考、学习及独立生活的能力，启迪他们的智慧。

3.5.1 儿童房家具组成

儿童床　　　　　书桌椅　　　　　游戏桌椅　　　　　多宝格　　　　　儿童衣柜

1. 儿童床

　　儿童床的结构应安全稳固，床垫软硬适中。如果是年龄较小的婴幼儿，应选择低矮或有护栏的儿童床；对于成长期的青少年，则可以选择可加长的儿童床，使其伴随着孩子一同成长。

创意儿童床（源于 Blomkal）

2. 书桌椅

　　儿童用书桌椅应具有圆润流畅的线条和细腻光滑的表面，但在造型和色彩的选择上不宜太过花哨，以免分散孩子的注意力。其高度要与孩子的高度、年龄以及体型相协调，过高或过低都会影响到孩子的身体发育。如果不想频繁更换，可以选择升降式儿童桌椅，这样就能根据孩子的成长进行适当调整。

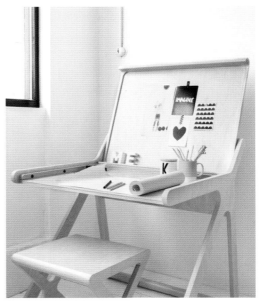

简约而不失童趣的书桌椅（源于 RAFA kids）

3. 游戏桌椅

游戏桌椅是儿童活动区的布置核心，方便孩子玩积木、彩泥等动手类游戏，增强孩子的造型能力。家长也可参与其中，陪孩子一起在游戏中成长，尽享乐趣。

相对低矮的游戏桌椅（源于 Oliver Furniture）

4. 多宝格

多宝格主要用于收纳儿童的玩具和学习用具，能帮助孩子养成归类整理的好习惯。

简约清新的置物架（源于 Oliver Furniture）

5. 儿童衣柜

如果空间允许，可在儿童房设置专门的衣柜，用以收纳其衣物和被褥。这样在保持干净整洁的同时，还有助于培养孩子独立人格。可以购买成品衣柜，也可以根据房间的大小和布局来定制，在选材上以环保的实木为佳。

儿童衣柜应符合孩子的身高度（源于 INT2）

3.5.2 儿童房的常见布局

儿童房装修不只是色彩搭配和家具选择这么简单，各个功能区的合理划分更是儿童房设计的重中之重。

1. 睡眠区

儿童房建议布置在朝南或朝东的房间，以保证充足的光照。睡床在摆放时尽量贴在墙角，为活动区腾出更多的空间。对于婴幼儿的围栏床来说，可在旁边放置一把舒适的椅子，供照看孩子的大人就座。

墙面的图案设计能增加儿童房的活泼气氛（左图源于 ZROBYM，右图源于 Peales maisons）

2. 活动区

　　活动区也叫游戏区，供儿童玩耍游乐之用，通常会铺设一块地毯或爬行垫来界定范围，同时能防止孩子因受凉或摔倒而受到伤害。活动区可结合墙面、高低床等现有条件，加入黑板墙、滑梯、秋千等创意元素。

活动区内不宜出现容易对儿童造成磕碰和阻碍的家具（源于 INT2）

3. 学习区

　　当孩子进入学龄阶段后，就要开始锻炼其独立生活和学习的能力了，儿童房的功能也从原来的以娱乐为主向以学习为主的方向转变。除固定的桌椅外，还应充分利用书桌周围的空间，用以收纳书本及学习用具。

独立且固定的儿童学习区（左图源于 ZROBYM，右图源于 INT2）

4. 双人儿童房

对于有两个孩子的家庭，即使空间较为有限，通过合理的规划和摆放，一样可以打造出两个舒适的儿童睡眠区。双人儿童房常见的布局有平层布局和上下布局。

单人床分别靠两侧墙面摆放，中间区域用作活动空间（源于 Péa les maisons）

以楼梯连接上下床位，层次丰富，空间利用率高（源于 RAFA kids）

3.6 玄关家具的选择和布置

玄关（Entrance）是家居空间的入口区域，其设计一般应考虑 3 个方面：一是过渡性，避免客人一进门就对整个居室一览无余，保证主体空间的私密性；二是功能性，用于脱换和收纳鞋子、衣帽等物品；三是装饰性，作为家居环境给人的第一印象，玄关的整洁美观也是必不可少的。

玄关家具布置（源于 MUUTO）

3.6.1 玄关家具组成

鞋柜　　　　衣帽架　　　　　换鞋凳　　　　　镜子　　　　　　雨伞架

1. 鞋柜

　　鞋柜是玄关中最重要的家具，主要用来收纳换下的鞋子，台面上可摆放装饰品、钥匙盒、镜子、钟表等物品。其尺寸主要依据玄关的大小来选择，要保证足够的通行空间。随着设计的发展，鞋柜的样式越来越丰富，能满足不同户型的使用需求。

◎　常用鞋柜推荐

宜家汉尼斯鞋柜　　　　　　　　静研有凳鞋柜　　　　　　　　香木语超薄鞋柜

2. 衣帽架

　　常见的衣帽架可分为壁挂式和落地式两种，用以挂放衣服、背包等物品。如果户型允许，也可以将衣帽架打造成通高的储物柜，减轻卧室的压力。

◎　常用衣帽架推荐

MUUTO 创意壁挂衣帽架　　　　　静研挂衣板　　　　　　　　宜家图西格挂件

NUDE 落地衣帽架   失物招领 Ito 落地衣帽架   致家家居置物衣架

3. 换鞋凳

换鞋凳使人们能够从容地坐着换鞋。在选择上，既可以单独放置一个方便移动的矮凳，也可以将凳子的功能与鞋柜或衣帽架结合在一起。当没有换鞋凳时，最好设计一个可以手扶的地方，以免换鞋时站立不稳。

换鞋凳和衣帽架合二为一的多功能产品   壁挂衣架加长凳的经典组合

4. 镜子

镜子不仅能方便我们在进出家门时整理个人仪表，还能在视觉上起到放大空间的作用。镜子常用的款式有全身镜和圆镜。

无论是圆镜还是全身镜，均具有很好的装饰作用

5. 雨伞架

雨伞架是专门用来收纳雨伞的小家具，常见于商城、办公楼等公共空间。随着设计在生活中的深入，市面上出现了很多适用于家居空间的小型雨伞架。因为要兼顾长雨伞和折叠雨伞的放置问题，雨伞架需要有一定的沥水功能，所以大部分雨伞架的设计都很有创意。除独立的雨伞架以外，还有集成了雨伞收纳功能的鞋柜、衣帽架等产品，可供有此类需求的用户选择。

落地式雨伞架

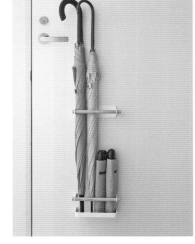

壁挂式雨伞架（源于山崎实业）

3.6.2 玄关的常见布局

根据不同的入户形式和空间大小，玄关处的家具摆放也各有不同。

对于空间较小的窄条型玄关，适合在入口的一侧放置超薄鞋柜，从方便使用的角度来说，通常是靠在大门打开后的空白墙面，而不应该藏在大门的背后。如果大门正对着实墙，则通常将鞋柜和衣帽架靠在这面墙上。

有些户型一进门就是客厅，没有过渡空间，这种情况下，除了在门口一侧摆放鞋柜外，还可以利用垭口来定制储物柜。当客厅的空间有富余时，也可以打造一个起隔断作用的玄关柜，这种玄关柜比较流行的样式有两种：一种是下方收纳、上方镂空；另一种则是上下均为收纳柜，中间部分留一排开放格，用来摆放装饰品和钥匙等。

对于设计比较完整的户型来说，通常会在玄关处留出一定的凹入空间，用来打造嵌入式衣帽柜；也可以打掉一侧的非承重墙，用柜体来代替。

◎ 常见的玄关布置平面图

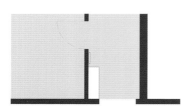

走廊一侧摆放超薄鞋柜

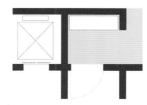

入口对面布置斗柜

利用门的垭口定制储物柜

走廊一侧的超薄鞋柜可搭配置物架和全身镜，以增强玄关的实用性

斗柜上方的摆件是玄关空间的重要装饰（源于 IKEA）

利用垭口做置物架比较常见，用来做玄关柜也未尝不可（源于 annonsen）

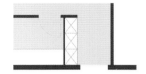

将柜体作为空间隔断

结合凹入空间做嵌入式储物柜

用柜体代替部分非承重墙

营造过渡性空间，避免"开门见山"（源于 NORDICO）

在玄关的一侧定制鞋柜（源于 NORDICO）

3.7 厨房家具的选择和布置

厨房（Kitchen）是家居生活中必不可少的功能空间，主要用于饮食的烹饪加工，以及收纳相应的工具和食材。现代化厨房通常采用集成式的橱柜系统，布局相对紧凑，各类厨具、电器、收纳一体化安置。其基本的设计原则包括两个方面：一是强调高效的操作流水线（平面布局）；二是设计便利实用的储物空间（橱柜规划及细节处理）。

厨房布置（源于 NORDICO）

3.7.1 厨房家具组成

正如前面所言，现代厨房通常是定制化的整体设计，所涉及的软装家具不多，主要包括橱柜和一些附属的收纳性小家具。

1. 橱柜

整体橱柜可分为台面和柜体两个部分，其材质、质感和色彩的选择及搭配是厨房外观风格的构成主体。其中台面的材质主要包括人造石、天然石材、不锈钢、混凝土和实木，柜体则多选用 PVC 板、实木板、防火板、晶刚板等，表面的色彩和图案有多种选择。关于材质的对比和选用，在硬装书籍及网络上有很多说明，此处不再赘述，仅就外观做简要归纳。

5 种常见台面材质：人造石、天然石材、不锈钢、混凝土、实木

以下为北欧风格常见橱柜配色。

白色橱柜，白色是最百搭的颜色

木质橱柜，充满温馨的质感

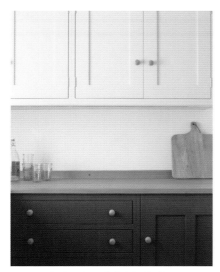

灰色橱柜，典雅大气的选择

色彩构成搭配法，增加清新活泼的趣味

2. 收纳

　　厨房除了做饭以外，还承载着厨具、餐具及食材的收纳功能。一般情况下，无论空间是否富足，最终都会被塞得满满的。这里我们姑且不谈论个人生活习惯的问题，只说如何在现有的条件下规划出更高效、更精细的收纳空间。在设计的时候应根据使用人具体的身高、习惯，以及物品的尺寸、使用频率等因素来合理划分橱柜空间。

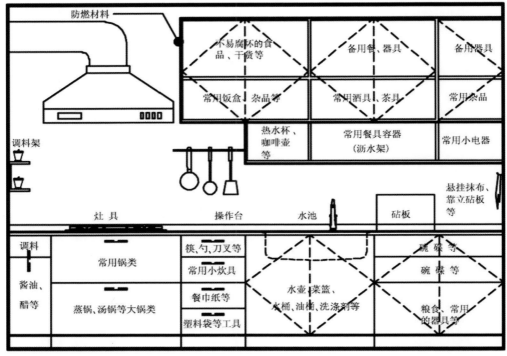

橱柜收纳范例（住宅室内空间精细化设计指引）

⊙　较重物品储存在下部柜，取放较为省力方便；轻质物品置于上部柜，取放时较为安全便利。

⊙　比较常用的物品置于方便拿取的高度；不常用物品储存在上部柜，进行长期、固定的储藏；最常用的物品置于操作程序中可随手取放的范围之内（如餐具滤水架、砧板、抹布等靠近水池储藏，方便清洁和使用）。

⊙　调料、小型炊具等靠近炉灶放置吊挂，触手可及，方便烹饪操作。粮食、菜篮、笸箩等靠近水池放置，便于淘米、洗菜时就近拿取操作。

⊙　台面可根据需要放置电饭煲、微波炉或小型消毒碗柜等，如台面长度不够，也可将相关物品放入吊柜中。

⊙　常见炉灶尺寸为 720 mm~750 mm，因此炉灶下部柜尺寸以 800 mm~900 mm 为宜。

⊙　可设置 150 mm~300 mm 拉篮，尺寸较为灵活，能有效利用窄缝和小空间，放置调料、小型油桶、案板等。

在橱柜的设计制作过程中，通常会有一定的模数划分，大部分作为柜门和抽屉，剩余的小尺寸做成拉篮，可用以在水槽一侧存放勺、铲、筷子等，在灶台一侧则可用以放置油盐酱醋等调料。

抽屉和拉篮

立体收纳是家居收纳的重要组成部分，对于厨房来说同样如此。可利用吊柜的空白区域设置开放置物架，在增加收纳量的同时，方便使用。

搁板、壁挂置物架

实用性和适用性都很强的移动型小家具，同样可用于收纳厨房物品，如蔬果、餐具、调料等。

冰箱靠近操作台一侧通常有部分开放面，这部分空间可用来放置物架。可以是吸附式的小型置物架，如果空间允许，也可以是落地式的。

小推车　　　　　　　　冰箱置物架

3.7.2 厨房的常见布局

厨房的平面布局主要由两个方面的因素决定，即"以人为本"和"因地制宜"。

"以人为本"指的是根据实际使用人的行为模式来设计厨房流线。从食材到食物的加工过程通常可分为以下 5 个步骤。

准备　　　　　清洗　　　　　切菜　　　　　烹饪　　　　　装盘

优秀厨房设计的一个重要指标就是人们在经历这 5 个步骤时，流线尽量简短且沿着一定的顺序排布。如果出现交叠，不仅会造成操作上的不便，还会使厨房家务更加繁重，降低烹饪的效率。

常见的厨房平面布局及流线设计可分为 6 种，分别是一字布局、L 形布局、平行布局、U型布局，以及开放厨房的中岛和半岛。布局可结合吧台设计，其中以 U 型布局最为高效。在实际选择时，应根据户型的现状（包括长宽尺寸、门窗位置、有无阳台等因素）来综合考虑，并不是随心所欲的。

厨房平面布局

3.8 卫浴家具的选择和布置

卫浴空间（Bathroom）是供居住者进行梳洗、如厕、洗浴等活动的空间，有时还会加入洗衣、清洁的功能区域。它既承载着很多的功用，又要兼顾一定的收纳作用，如储存或摆放洗面奶、牙膏、毛巾、纸巾等物品。但在一般情况下，卫生间的面积都比较狭小，这就需要在设计时细致地考虑到使用者的各种需求，合理利用和创造各种收纳空间。

3.8.1 卫浴家具组成

镜子 / 镜柜　　　洗手盆　　　　马桶　　　　洗浴用具　　　　洗衣机　　置物架 / 储物柜

1. 盥洗套装

卫生间中用于洗手、洗脸、刷牙、漱口的洗漱空间又称为盥洗单元，核心家具就是镜子 /镜柜 + 洗手盆 / 浴室柜。其中镜子多选用壁挂圆镜或方镜，简约大方；或选择具有收纳功能的镜柜，增加其实用性。台盆按照不同的类型可分为台上盆、一体盆、壁挂式盆及半嵌入式盆，可根据空间的大小、布局及用户风格喜好进行选择。清爽的白色柜和典雅的木质柜是最常规的选择。有时也可选择深色，打造出精致现代的卫浴空间。

壁挂圆镜 + 层次丰富的台上盆　　　　镜柜 + 容易清洁的一体盆　　　　清爽的白色柜和典雅的木质柜

2. 马桶

卫生间中用于大小便的空间又称为便溺单元，通常只包括马桶，其按照不同的类型可分为普通马桶、壁挂马桶和智能马桶。其中壁挂式马桶造型小巧、简洁美观，又方便移位和清洁，受到大家的喜爱，缺点是售价较高，不易检修；但对于老房子的改造以及小户型的装修来说，推荐使用这类马桶。随着人们生活质量的提高和家居智能化的普及，智能马桶由于其舒适、卫生的特性，逐渐走入人们的生活。整体的智能马桶多为无水箱设计，在安装之前应确认水压，而对于已经入住的用户，则可通过智能马桶盖进行升级，前提当然是在马桶周边预留了电位插座。

壁挂马桶的后方需砌筑矮墙，内部有马桶支架、水箱及下水管，上方的空间则可作为壁柜或搁板来收纳厕纸及洗浴用品。

壁挂马桶（源于 INT2）

3. 淋浴间 / 浴缸

洗浴空间可分为淋浴和盆浴两种，除了受空间尺寸的影响外，也可以从其他方面对两种洗浴方式做一定的对比：淋浴方便，但不够享受；盆浴舒爽，但使用前的准备和使用后的清洗都比较麻烦。所以，还是根据自身的喜好及条件各取所需即可。

淋浴间 / 淋浴房通常位于卫生间的一侧或一角，通常可用玻璃或浴帘进行围合，防止水花四溅。

很多人出于节约空间的考虑而放弃浴缸，但其实只要合理布局，同时选择小尺寸的浴缸，小浴室同样可以实现盆浴的梦想，而且浴缸上方还可加装淋浴喷头。

淋浴间

浴缸（源于 ZROBYM）

4. 洗衣机

当洗衣机放置于卫生间时，根据不同的布局，可以设置单独区域或结合洗手盆来设计。无论是哪种形式，本人都比较推荐滚筒式洗衣机，这样可以利用搁板或定制柜创造出可观的收纳空间。

单独设置洗衣空间　　　　结合洗手盆一体设计洗衣空间
（源于 INT2）

5. 置物架

无论是浴室柜，还是其他的定制柜体，都只是卫生间收纳的一部分。除此之外还应有不同的储物单元来方便不同功能区域的使用，如盥洗区域的毛巾架、便溺区域的厕纸架、洗浴空间的浴巾架和洗浴用品架，以及洗衣区域用以存放洗衣液、脏衣服的置物架。

不同功能单元的细节收纳

3.8.2 卫浴的常见布局

家居卫生间最基本的要求是合理地布置"三大功能单元"：盥洗单元、便溺单元、洗浴单元。有时还需要加入洗衣单元或清洁单元，而且每个单元内都有一定的收纳需求，通过合理的尺寸选择和布局安排，保证每个功能单元能够较为方便地到达和较为舒适地使用。

住宅卫生间 6 种典型平面布局示例如下。

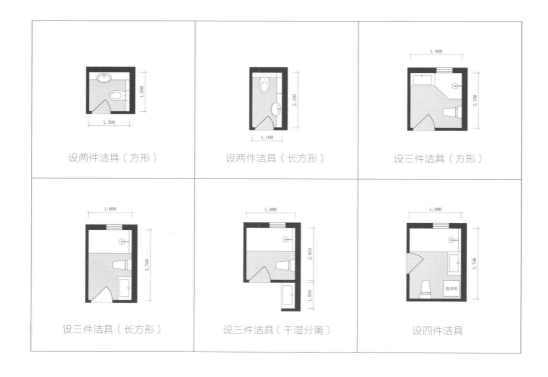

<table>
<tr><td>设两件洁具（方形）</td><td>设两件洁具（长方形）</td><td>设三件洁具（方形）</td></tr>
<tr><td>设三件洁具（长方形）</td><td>设三件洁具（干湿分离）</td><td>设四件洁具</td></tr>
</table>

第 **4** 章

软装搭配要素
——灯具和空间照明

本章学习要点

» 灯具的分类
» 家居照明的层次
» 灯光的空间布置

灯具也常被称作灯饰，它除了有功能性，还有装饰的作用。所以灯的选择和搭配既要满足日常生活中的照明需求，又要考虑其装饰空间、烘托气氛的作用。

家装风格，由灯定义（源于 NORDICO）

4.1 灯具的分类

灯具主要可分为吊灯、吸顶灯、壁灯、落地灯、台灯、筒灯、射灯等。各类灯具在一个空间内相辅相成，有的负责整体照明，有的负责局部照明，有的则用来营造特定的氛围和情趣，共同构成了整个家居的照明层次。合适的类别选择，往往能造就一个空间的亮点。对于整体家居来说，还应考虑到各个灯具之间的材质、造型和色彩的统一，避免因风格差异过大而影响到空间的和谐。

4.1.1 吊灯

吊灯是指从室内天花板上垂吊下来的灯具，是灯具选择中主要的部分，具有重要的装饰作用。吊灯按造型大小和搭配形式可分为单头吊灯、多头吊灯和小吊灯。其中，单头吊灯多用于卧室、餐厅等面积较小的区域；多头吊灯多用于空间较大的客厅和起居室，对于多个单头吊灯成组使用的情况，我们也可将其归类到多头吊灯；小吊灯则常见于局部照明空间，如读书角或卧室床头。

魔豆吊灯

分子吊灯

鸭嘴吊灯 / 张牙舞爪吊灯

锅盖吊灯

萤火虫吊灯

风扇吊灯

Loft 三头吊灯

乐器吊灯

多头垂吊灯

藤编吊灯

混凝土吊灯

玻璃球组合吊灯

实木吊灯 铁艺钻石吊灯 小雨伞吊灯

手工古纸艺术吊灯 真皮小吊灯 古铜小吊灯

复古陶瓷小吊灯 长线小吊灯 MUUTO 灯泡

4.1.2 吸顶灯

　　吸顶灯上方平整，安装时完全贴在空间顶部，因此得名。由于吸顶灯占用的竖向空间较少，对于层高较低的空间来说，其往往是整体照明的首选灯具。目前市场上最流行的就是 LED 节能吸顶灯，造型多样，有方形、圆形、多边形及各类组合形状。在选择时，除光源的照度和色温外，还应注意灯罩材质的均匀性和透光性。

圆形吸顶灯

4.1.3 壁灯

壁灯是指安装在室内墙壁上的辅助照明灯具。它的造型多样，通常可自由调节聚光范围，对于丰富照明层次及装饰家居空间有非常重要的作用。其常用于沙发一侧、床头、镜前和走廊等区域，可根据特定条件下的使用功能和空间大小来选择合适的样式。

◎ 常用壁灯推荐

超长臂壁灯   Loft 万向壁灯   双头鸭嘴壁灯

简约 AJ 壁灯   宜家赫克塔壁灯   宜家勒纳普墙面夹式射灯

实木浮灯   小鸟壁灯   方块双向壁灯

4.1.4 落地灯

落地灯是指摆放在地面上，用作局部照明的灯具。它既可以与沙发、休闲椅、书桌等配合使用，满足该局部区域的照明需求，又可以通过搭配其他室内光源，调节光环境的变化，营造出特定的空间氛围。同时，其凭借自身的外观设计，往往可成为家居空间内重要的装饰摆设。

落地灯按照明方式可分为直照式和上照式。直照式落地灯，即常见的提供直接照明的落地灯，适用于局部空间，对周围影响较小；上照式落地灯，即向上照射，通过顶面反光提供间接照明的落地灯，光线柔和，光照范围较大。除整体造型外，灯罩的形状和材质对于营造不同的光线条件也具有重要的意义。

直照式落地灯

上照式落地灯

兼具边桌功能的落地灯

◎ 常用落地灯推荐

三叉落地灯

造作水母落地灯

宜家阿洛德落地灯

极简黄铜落地灯

简约玻璃落地灯

小细杆落地灯

实木落地灯　　　　　　　简约 AJ 落地灯　　　　　　　Loft 折臂落地灯

4.1.5 台灯

　　台灯是工作、生活中常见的桌面照明灯具，可摆放在书桌、床头柜等各类台面上使用，光照范围相对集中。台灯的造型多样，时尚美观，是家居空间中重要的装饰品。

　　如今的台灯种类样式繁多，按使用功能可分为阅读台灯、装饰台灯和气氛台灯。其中，阅读台灯对于光照的品质要求较高，应提供明亮、柔和、稳定的光线，样式以可调节的长臂台灯为宜；装饰台灯则主要看其造型、色彩和风格是否与家居空间相配；气氛台灯，也叫夜灯，通常光线较暗且具有特殊的光影效果，可在起夜时使用，也能在特殊的情景下起到调节气氛的作用。

◎　常用台灯推荐

宜家勒纳普台灯　　　　　　皮克斯长臂台灯　　　　　　　草帽台灯

野兽派黄铜大理石台灯　　Gubi Grasshoper 创意时尚台灯　　简约 AJ 台灯

造作水母台灯   本来设计实木台灯   竹编装饰台灯

4.1.6 筒灯、射灯

筒灯相较于普通灯具更加具有聚光性，可用于天花板、地面、墙壁等处的整体照明或局部照明，造型简洁，对于丰富空间层次具有重要的作用。射灯是一种高度聚光的灯具，常用于营造局部聚光的效果，以突出某处空间或某个装饰品。随着工艺和设计的发展，两者之间的界限越来越模糊，按照约定俗成的叫法，我们通常把嵌入式或明装直筒形的灯具叫作筒灯，把能调节照射方向的灯具叫作射灯。当射灯串联在轨道上成组使用时，我们则称之为轨道射灯，或简称轨道灯。

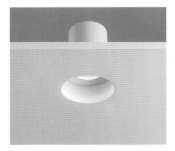

嵌入式筒灯   明装筒灯   轨道射灯

4.2 家居照明的层次

家居照明绝不仅仅是"照亮"这么简单，而是根据不同的空间形态以及居住者在空间内的不同活动来决定的，或明亮或幽暗，或整体或局部。通常可以把家居空间的照明分为3个层次：基础照明、局部照明和装饰照明。对于每一个功能空间来说，照明都不止一种层次，而是多种方式组合搭配，营造出多样的光线设计。这样不仅可以让房间看起来更加精致漂亮，还能让我们的生活环境更加舒适健康。

4.2.1 基础照明

基础照明即整体范围的普通照明，能满足最基本的室内照明需求。一般的基础照明都设置在顶部，包括筒灯、吸顶灯、吊灯等形式。在选择光源时，既不能白得刺眼，也不能太过昏暗，还要注意各个界面的光线均匀明确，这样才能使空间看起来宽敞明亮，给居住者带来良好的视觉舒适度。

由吊灯和筒灯共同组成的基础照明（源于 ZROBYM）

4.2.2 局部照明

局部照明即为提高特定工作区或休闲区的照度而采用的小范围照明，通常将照明灯具布置在靠近操作面的区域，如书桌上的台灯、橱柜下方的灯带、床头灯等。对于工作照明来说，应避免产生阴影及眩光，同时应配合基础照明共同使用，因为在没有环境光而只有局部照明的空间内长时间活动容易引起视觉疲劳。

厨房局部照明（源于 NORDICO）

书房局部照明

4.2.3 装饰照明

装饰照明，顾名思义就是用来提升空间设计感和装饰性的照明方式。装饰照明常见的用途有两种：一种是用来增加场景里的重点突出效果，如背景墙的射灯；另一种则是用来营造活动氛围，如阳台的灯串，餐厅的灯笼、烛台等。

装饰照明通常具有特殊的光影效果（源于 NORDICO）

4.3 灯光的空间布置

室内灯光的布局设计是一个复杂的知识系统，有关照度、色温及整体布线等问题有专门的书籍进行完整的阐述，这里仅谈论软装陈设的相关要点。

4.3.1 客厅的灯光布置

通常客厅是家里面积最大的空间，人在其中的活动也最为频繁和多样，如会客、聊天、阅读、看电视等，所以需要不同的照明层次来满足不同的功能需求。

1. 基础照明

客厅的整体照明一般以吊灯或吸顶灯为主，有的家庭会选择灯带、筒灯、轨道灯等作为补充甚至替代品，也就是我们常说的"无主灯照明"。理解了照明层次后，这就很容易理解了，即有无主灯只是灯具的一种选择形式，具体用哪种应根据需求来定。

如果没有足够的补充照明，宜选择照射范围较大的主灯（源于 PLASTERLINA）

2. 沙发区照明

沙发区的照明主要包括沙发背景墙照明和沙发旁的局部照明。通常会选择射灯来突出墙面装饰（如装饰画等），但同时要注意光线不能正对着坐在沙发上的人。如果用户有坐在沙发上阅读或窝在沙发里玩手机的习惯，可以在沙发的一侧或两侧安装壁灯或放置落地灯、台灯等，也可以多种灯混搭使用来增加局部的照度。

沙发墙的装饰照明　　沙发一侧局部照明之落地灯　　沙发一侧局部照明之壁灯　　沙发一侧局部照明之台灯

3. 电视墙照明

电视墙的灯光一般投射在电视机后面，以增加环境光，减轻电视画面与周围的明暗差别，有助于缓解眼部疲劳、保护视力。

电视墙的局部照明（源于 ZROBYM）

4.3.2 餐厅的灯光搭配

餐厅照明通常包括桌面的重点光和周围的环境光两个部分，宜采用柔和、明亮的暖色调，这样不仅能使食物显出诱人的色泽，还能将就餐的人映衬得更好看。餐桌正上方的吊灯是灯光营造的重点，通常灯具垂下的高度距离餐桌 60 cm~70 cm，恰好在桌面上形成满溢的光晕，同时光线还能打在人的脸上。但注意灯具不要遮挡彼此的视线，现今市面上也有可调节高度的吊灯以供选择。

应选择能把灯泡遮住的灯罩，这样能避免灯光直接刺激眼睛（源于 NORDICO）

如果是较小的圆形或方形餐桌，通常会选择单头吊灯垂吊在餐桌的中心位置；如果餐桌较长，则可以搭配长条形吊灯，或几盏吊灯一字排开。如果不能事先确定餐桌的中心位置，在餐厅面积较小的情况下，可以考虑选用壁灯、落地灯；在餐厅面积较大的情况下，则宜选用可调节的筒灯，以保证光线能覆盖就餐区的大部分范围。

圆形餐桌搭配单头吊灯中心布置（源于 NORDICO） 长型餐桌搭配多头吊灯做线性布置（源于 NORDICO）

无论是吧台还是岛台，通常也会搭配多头吊灯线性布置来增加局部照明，同时又起到很好的装饰作用。

小餐厅壁灯照明（源于 Stadshem） 吧台与岛台（源于乐创空间设计）

4.3.3 卧室的灯光搭配

卧室是用来睡眠休息的私人空间，宜选择低照度的暖色光源。卧室的照明同样可分为基础照明和局部照明两个部分。基础照明通常由吊灯、吸顶灯或筒灯担当，应注意在人平躺时最好不要有直射的光线照到头部区域；同时，基础照明宜设置为双控，在入口和床头各设置一个开关。局部照明则根据卧室的功能设置来决定，常见的有床头照明、衣柜照明和装饰照明等。

卧室的基础照明和局部照明
（源于十一日晴空间设计）

1. 常见床头照明的 6 种形式

壁灯

台灯

小吊灯

落地灯

灯串

嵌入灯带

2. 衣柜照明

衣柜或衣帽间内的照明灯光以白色光为宜，以方便识别衣物的颜色；同时为保证使用安全，应选择发热量少的荧光灯或 LED 灯。从方便使用的角度，可以选用带有感应功能的灯具，开柜门时亮灯，关柜门时灯光自动关闭。

衣柜内照明

3. 装饰照明

为营造卧室温馨、浪漫的氛围或弥补空间条件的某些不足，卧室中也经常会用到灯串、灯带等装饰照明设备。

床底的灯带不仅有营造氛围、夜间导视的作用，还能有效减轻床的体量感，让卧室空间显得更加宽敞。

灯串常用于床头、窗幔或卧室的一角

床底的灯带

4.3.4 工作区的灯光搭配

工作区是家庭成员进行工作、阅读、学习、手工制作等视觉作业的场所。整体照明部分应遵循均匀、明亮、自然、柔和的原则，局部的桌面灯光则只有在使用时才打开，提高工作区域的照度，这样才能创造出舒适的工作照明环境。

工作区台灯

工作区壁灯

筒灯提供基础照明，柜底的灯带提供局部照明

4.3.5 玄关、走廊的灯光搭配

玄关作为进出家门的必经之地，合理的灯光布置不仅能保证足够的亮度，还能烘托出温馨的氛围。一般情况下，玄关面积不大且没有自然采光，所以宜选用造型简单的灯饰，其中最好有一个是带有感应功能的，以防进门后摸黑找开关。

玄关、走廊多采用筒灯或壁灯等简洁的照明灯具
（源于 ZROBYM）

4.3.6 厨房的灯光搭配

厨房的照明以功能性为主，整体照明通常采用集成在吊顶里的 LED 平板灯。但如果只有顶部的整体照明，操作台部分会比较暗，甚至在人操作时会形成阴影。厨房的油烟机一般带有照明功能，能照亮灶台。同时，最好能在吊柜的下方嵌入筒灯或安装灯带，以增加洗菜池、操作台的亮度。

厨房的整体照明和局部照明（源于 PLASTERLINA）

开放厨房的中岛照明（源于 ZROBYM）

4.3.7　卫生间的灯光搭配

　　卫生间一般包括洗手台、马桶和洗浴空间，每个区域都需要有明亮的灯光，同时要注意彼此的搭配和协调关系，不然会显得杂乱无章。可以结合吊顶、镜柜、收纳柜等安装间接照明灯具，以产生更加柔和的视觉效果。

　　卫生间面积虽然不大，但最好能按照白天和晚上采用不同亮度，如果夜晚的灯光太亮，会对再次入眠造成影响。还有一个重点照明区域就是洗手台，合适的镜前灯会让脸部看起来更加自然。

卫生间的间接照明（源于 S.O.D）　　　　　　　　洗手台镜前灯（源于 ZROBYM）

第 **5** 章

软装搭配要素
——布艺家纺

本章学习要点

- » 地毯的选择和搭配
- » 窗帘的选择和搭配
- » 抱枕的选择和搭配
- » 桌布的选择和搭配
- » 床品的选择和搭配

布艺家纺不仅具有实用的功能性，更是家居软装设计的重要组成部分，相较于其他的软装手法，布艺软装更为快捷、方便。好的布艺、纺织品不仅能提升家居的档次，为空间提供温暖、柔软的层次，更能体现居住者的生活品位。常用的家居布艺包括地毯、窗帘、抱枕、桌布和床品等。

布艺家纺影响着整体空间的风格和色彩（源于 ferm LIVING）

5.1 地毯的选择和搭配

　　地毯是以棉、麻、毛、丝、草等天然纤维或化学合成纤维类原料，经手工或机械工艺进行编结、栽绒或纺织而成的地面铺设物。合适的地毯可以让生活环境更加舒适美观，不仅能起到防潮、吸音、保暖的作用，对于装饰地面、界定空间更是有着重要的作用和意义。

5.1.1 地毯的选择

1.常见地毯材质

　　地毯的材质多种多样，家居中常见的有纯毛地毯、化纤地毯、混纺地毯等。不同的材质各有优缺点，价格也是千差万别，根据装修需求和个人条件选择合适的即可。

地毯材质分类	图片示例	文字简介
纯毛地毯		多由纤维长、拉力大的绵羊毛编织而成，舒适保暖、柔软有弹性，但价格也较高。机织的纯羊毛地毯每平方米在千元左右，手工编织的则更为昂贵
化纤地毯		也称合成纤维地毯，又有尼龙、丙纶、腈纶、涤纶等不同的种类，其中以尼龙地毯最为常见。其耐久性好，价格低廉，但容易产生静电
混纺地毯		以纯毛纤维和各种合成纤维混合编织而成的地毯，羊毛的成分占20%~80%，耐磨性能比纯羊毛地毯高，同时克服了化纤地毯静电吸尘的缺点，色泽亮丽，价格适中
麻质地毯		色调和款式相对朴素，质感也较为粗犷，可以搭配布艺或藤编的家具，呈现出亲近自然的韵味
纯棉地毯		柔软舒适，抗静电，吸水性强，便于清洁，价格适中。常见的纯棉地毯有雪尼尔簇绒系列，但在北欧风格中，还是建议选择能突出编织肌理的线毯
真皮地毯		常见的为牛皮地毯，触感柔软舒适，经久耐用，装饰效果极佳。斑点、颜色和异形是皮革的天然特点，每张牛皮都独一无二，可展现出奢华浪漫的气质

2. 常用地毯图案

如果说材质的选择有出于舒适度和性价比的考量，那么地毯的图案和色调选择则纯粹是为了空间的装饰和美观。其中带有灰度的纯色、几何线条及色块的拼接在北欧风格中较为常见，有些案例也会用到略带异域风情的复古图案，可根据整体空间的风格和色调选择搭配。

| 纯色 | 条纹 | 几何线条 |

| 三角阵列 | 色块拼接 | 复古图案 |

3. 地毯的尺寸选择

局部小空间可能会用到圆形或异形地垫，但长方形还是地毯选择上的绝对主力，大小应根据使用空间及搭配的家具尺寸来决定，具体原则将在下文详述。

5.1.2 地毯的空间搭配

1. 客厅

客厅沙发区是地毯使用频率较高的场所，在尺寸上不能只考虑与沙发的适配关系，而要把沙发区的家具组合当作一个整体来看待。客厅的地毯搭配一般可分为两种方式：一种是涵盖区域内的所有家具的占地空间，这种方式整体大气，具有一定的界定空间的作用，适用于空间较大的户型；另一种则是只覆盖茶几区域，尺寸上以整个沙发组合内围合的腿都能压到地毯为标准。

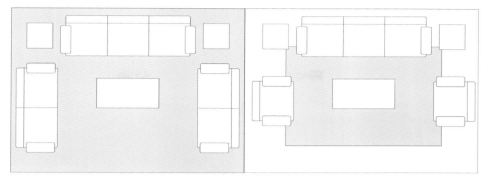

覆盖全区域   只覆盖茶几区域

在色彩较为丰富的家居空间内，应选择与某一个界面色调相呼应的地毯；如果整体空间偏向灰白，则无严格的禁忌，根据个人喜好，既可以选择同系的灰白色打造出沉稳冷静的家居格调，也可以利用条纹或较为跳跃的色彩拼接，为居室带来绚丽活泼的氛围。

大面积的灰色地毯作为背景出现，旨在突出其他家具、家饰的主体地位。

色块的拼接，即使颜色不够鲜亮，依然能打破原有背景的单调感，成为空间的视觉中心。

灰色地毯（源于 Stadshem ）

色块的拼接（源于晓安设计）

2. 餐厅

餐厅的地毯兼具美观和保护地面不被磨损的双重作用。考虑到餐厅使用中可能产生污渍以及需要经常挪动椅子，地毯应选择耐磨、耐脏、易清洗的材质，花色以深色调或较为丰富的图案为宜。同时，其尺寸大小建议保证就餐时将拉出的椅子涵盖在内。

对于餐客一体的开放空间，可以用地毯来界定餐厅的专属区域。

用地毯界定餐厅的专属区域（左图源于 STOLAB，右图源于 MOREOVER）

3. 卧室

卧室中既可以选择整体铺设地毯，也可以只在床尾或两侧放置一块长条地垫。卧室地毯除装饰的作用外，还能提升日常生活的舒适指数，上下床的时候踩在柔软的地毯上肯定是一件幸福的事，毕竟不是每一次下床都能准确无误地踩进拖鞋里，尤其是在迷迷糊糊的夜里。

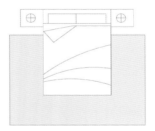

整体铺设地毯

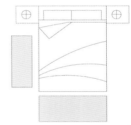

局部铺设地毯

在床尾铺设地毯（源于 NORDICO）

在床的一侧铺设地毯（源于 INT2）

4. 其他

除主要的客厅、餐厅和卧室外，其他房间和区域也经常会用到地毯或地垫。如玄关、过道、厨卫的地毯踩踏较为频繁，则以耐磨防滑的小块地垫为主，同时应考虑防尘、防水和易清洁的属性；工作区、休闲角等区域的地毯，不仅能增加脚的舒适感，还能彰显空间的独立性，增加此空间范围内的情趣。

玄关地毯　　　　　　厨房防滑垫　　　　　　休闲角地垫　　　　　　工作区地毯

5.2 窗帘的选择和搭配

窗帘的主要作用是遮阳隔热、调节室内光线以及保持居室的私密性，让我们的生活更加健康舒适。同时它又是家居中必不可少的装饰品，或简约或活泼，或朴实或雍容，在很大程度上决定了空间的"性格"。

5.2.1 窗帘的选择

1. 窗帘的材质

不同的窗帘材质能营造出不同的家居氛围：棉麻窗帘简约大方、自然朴实，绒布窗帘柔软厚重、雍容华贵，纱质窗帘轻盈透光、朦胧含蓄。除此之外还有精致现代的百叶窗帘及充满古朴韵味的竹帘和苇帘等。

棉麻窗帘　　　　　　　　　　　　　　绒布窗帘

| 纱质窗帘 | 百叶窗帘 | 竹编 / 草编窗帘 |

2. 窗帘的色彩

　　北欧风格中的窗帘以纯色为主，其中深色窗帘庄重大方，浅色窗帘轻盈明快，在选择时应注意其色调与整体环境的协调关系；同所有的设计原理一样，要么强调统一性，要么强调对比性。比如窗帘的颜色可以和墙面背景色或沙发、床等主体色保持一致，这种方式最为简单和保险；如果整体环境较为平实，则可以选择较为鲜亮的色彩，以便更好地突出窗帘的装饰感。

窗帘颜色与客厅沙发一致　　　　　　　　　通过色彩对比强调窗帘的装饰性

3. 常见窗帘尺寸

　　窗帘尺寸的最基本要求是能完全遮住窗身，同时上下左右均应留出一些余地，如果窗洞和墙面面积相差不大，最好选择通高、通宽的窗帘，会让空间显得更加整体大气。在购买窗帘时，根据褶皱的大小和数量，窗帘横向尺寸一般按窗户宽度的 1.5~2.5 倍计算。

错误　　　　　　　　　正确

4. 常见窗帘样式

窗帘的样式可以从不同的角度进行分类，如按开合方式可分为平拉式、掀帘式、卷帘式等。窗帘杆亦有明暗之分，甚至窗帘和挂杆之间的连接方式也是花样繁多。帘头和褶皱的方式也在很大程度上影响着窗帘的装饰效果，或繁复华丽，或简约理性，或感性浪漫，或知性优雅。

北欧风格中的窗帘以简洁大方为主

5.2.2 窗帘的空间搭配

1. 客厅、餐厅

通常客厅的窗户都向阳，且窗洞面积大，所以应选用通高、通宽的遮光窗帘，以营造出简约大气的视觉效果。如果想要现代精致的感觉，可选用卷帘、百叶窗帘等形式，让空间显得更加简洁轻盈。

落地帘展现出客厅的整体大气　　　　　　　百叶窗帘能营造出斑驳的光影效果

当餐厅和客厅处在同一个空间时，窗帘的选择还是以客厅为主，反之则将餐桌椅和桌布等列为参考对象。餐厅作为用餐的场所，难免会有一些油渍，所以应选择较为耐脏的颜色和便于清洗的材质。

餐厅窗帘

2. 卧室

　　卧室空间对私密性的要求较高，同时为营造出温馨舒适的睡眠环境，还需要有一定的遮光性和隔音性，所以卧室应选用双层窗帘，即一层较厚的布帘和一层透光的纱帘。一般来说，越厚的窗帘隔热和吸音效果越好。

美观实用的双层窗帘（源于 NORDICO）

3. 书房

　　书房窗帘的主要用途是调节光线，通常可选择素色的纱帘、百叶窗帘或卷帘，来为其营造一个安静的工作环境。如果想要渲染文艺雅致的氛围，则可以选择竹木材质的卷帘；如果想要表现个性化的格调，不妨选择一些别致有趣的图案。

安静文雅的素色卷帘

活泼俏皮的卡通图案窗帘

4. 儿童房

　　儿童房的窗帘宜选择明亮清新的色调，可适当地带有一些充满童趣的具象图案。但基本原则和儿童房的整体设计一样，不宜太过花哨和艳丽，同时应注意用料的环保性。

儿童房的窗帘明亮清新，不宜太过花哨，否则会分散孩子的注意力

5. 隔断布帘

　　窗帘也是布帘的一种，因其具有遮挡、隔断和装饰的作用，所以除了用在窗口，还可以运用到家居空间中的很多地方，是设计中常用的功能和装饰元素。

用布帘隔断客厅与卧室（源于 INT2）

　　对于面积不大的室内空间，有时会用到一些软隔断，玻璃和布帘是常见的两种方式，但布帘无疑更易于实现。

　　门帘主要用以遮挡视线，保证房间内的私密性。由于其多样的色彩和图案设计，门帘也能起到装饰空间的作用。除布艺门帘外，还可以选择编织的竹帘或挂毯。

　　如果卫生间面积不大，难以硬性地分隔出独立的洗浴空间，则可以用浴帘来简单围合，防止水花四溅，同时也为卫浴空间增添了设计感。

门帘

浴帘

5.3 抱枕的选择和搭配

　　抱枕也叫靠垫、靠枕，从字面意思上就能看出其兼具"抱"和"靠"的功能。其一般用在沙发、座椅、床上或车里，既可以抱在怀里起到保暖和保护的作用，又可以靠在后腰部，使人坐得更加舒适。但相较于功能来说，家居抱枕的装饰性和趣味性似乎更为重要，作为空间层次的重要补充和点缀，其材质、颜色及摆放方式都会影响到整体环境的视觉效果。

抱枕（源于 ferm LIVING）

5.3.1 抱枕的选择

1. 抱枕的形状和尺寸

　　抱枕的造型非常丰富，除了常见的方形抱枕、长条形抱枕外，还有圆形、三角形及各类主题的异形抱枕，用户可以根据不同的需求做出选择。常见的大号抱枕尺寸为 55 cm×55 cm，中号抱枕尺寸为 45 cm×45 cm，小号的腰枕尺寸为 50 cm×30 cm，其他形状的抱枕体量也基本在这个范围内，相差不大。

正方形　　　　　　　　　　　　　长方形

圆形

三角形

异形

2. 图案和色彩

　　虽然抱枕体量不大，但由于其个性化的色彩和图案，往往能成为空间中重要的视觉焦点。在色彩搭配上，选择同一色系或图案形式是最简单安全的方案。如果想要营造出活泼张扬的视觉效果，则可以选择 2~3 种不同的图案、色彩或材质的抱枕相搭配；但在不同之中最好也能有所关联，比如图案不同、色系相近，色彩不同、图案主题一致等，否则会使空间显得过于杂乱。

纯色

几何形

字母

植物

卡通

5.3.2 抱枕的空间搭配

1. 沙发抱枕

　　北欧风格中纯色的布艺沙发较为常见，单独的沙发肯定略显单调，所以一般会搭配几个抱枕，既增加了沙发的舒适性，也让家居环境看起来更加赏心悦目。可根据沙发的大小，选用两三个或三五个抱枕作为配饰，其摆放的基本原则为"两边大中间小"和"里大外小"（指靠近沙发背的一层摆放较大抱枕，离沙发背越远摆放的抱枕越小，以此打造层次感）。

沙发抱枕的装饰作用（源于迷物）

2. 床枕

　　除了睡眠用的枕头外，还可以在床上摆放两个靠枕，靠枕通常与床品风格保持一致。小巧可爱的异形抱枕会让卧室看起来更加温馨、有活力。用户如果有睡前阅读或玩手机的习惯，有所依靠地躺在床上无疑会感到更加舒适。

床枕（源于 NORDICO）

3. 休闲抱枕

家中用以小憩的场所通常都会有抱枕的身影，比如在休闲椅、飘窗或游戏毯上看似随意地丢一个抱枕，往往能成为家居装饰中的点睛之笔，也方便我们在需要"抱"或"靠"时随手取用。

抱枕用在飘窗上（源于 MOREOVER）

5.4 桌布的选择和搭配

桌布又叫台布，主要铺盖在桌面上以作防污保护或装饰之用。在选择餐桌布艺时，需要考虑餐桌椅、餐具及整体装饰的色调和风格，以营造出舒适美观的就餐环境。在样式上，通常以纯色、方格或其他简约的几何图案为主，毕竟是用以陪衬餐具和装饰花艺的桌面背景，颜色太过跳跃会导致主次关系模糊，没有视觉中心点，时间一长也容易导致审美疲劳。

简约几何图案的桌布（源于棉小羊）

桌布虽然美观舒适，但容易沾上污渍，清洗起来也并不轻松。这种情况下，我们可以选择在纯棉桌布的上面加铺一层透明的塑料桌布，或者配合桌旗和餐垫使用。同时，桌旗和餐垫还具有一定的装饰作用，当桌布和餐具的样式都很简单时，可以靠不同款式的桌旗或餐垫来活跃桌面气氛。黑白相间的桌旗能打破原有桌布的单调感，同时与餐椅的颜色相呼应。

黑白相间的桌旗（源于 MOREOVER）

在选择桌布时，要预留出四周下垂的尺寸，通常为 20 cm~40 cm。如果是圆形餐桌或者餐桌尺寸较小，则四周可以多下垂一些，以展现出华丽优雅的气质。可以根据季节、节日、场合及心情的不同，利用桌布随意变换餐厅的风格。

在选择桌布时，要预留出四周下垂的尺寸（源于述物）

圆形餐桌桌布（源于 MOMO'S 莫语）　　　　　　餐厅的风格（源于「范店」）

5.5　床品的选择和搭配

　　床在卧室中占绝对主导的地位，所以作为覆盖其上的各类床品，对卧室风格的影响力更是不容忽视，不同的选择和搭配能体现出不同的空间氛围。除装饰作用外，床品更重要的是实用性和舒适性，尤其是因为贴身使用，床品宜选择柔软、吸湿、不易缩水且具有良好手感的面料。

◎　"四件套"

　　"四件套"即组成床上用品的 4 个套件，包括一对枕套、一条被罩和一条床单。同其他布艺一样，纯色、方格及几何图案的床品在北欧风格中较为常见。在选择搭配时，可以考虑与墙面、窗帘或其他配饰寻求色调上的统一，也可以根据季节、节日的变化来更换床品的主题，如夏天宜选择清新淡雅的冷色调，冬天则适合搭配深沉热烈的暖色调。

色彩素雅的"四件套"

◎ 床靠

对于无背板或背板较硬的床来说，选择床枕或专门的布艺软靠，都可以增加卧室的温馨感和舒适度。

床头靠枕（左图源于 DROM LIVING，右图源于豪瑜家具）

◎ 盖毯

可以在床尾搭配一条盖毯，既可以防止被子被坐脏，还能起到调节卧室色彩、丰富空间层次的作用。

床尾盖毯（左图源于 MOREOVER，右图源于小井家）

◎ 床幔

　　床幔的主要功能在于分隔床头空间，使睡眠空间相对独立。床幔不仅可以营造出静谧、浪漫的居室气息，还具有挡床头风和促进睡眠的作用。搭配的床幔布料一定要具有悬垂感，这样才能形成好看的褶皱；但在样式上不宜过分夸张，以免影响睡眠质量。

床幔

第 **6** 章

软装搭配要素
——装饰画及其他墙面装饰

本章学习要点

» 装饰画的选择技巧
» 装饰画的空间布置
» 其他墙面装饰手法

墙面作为各个房间的围合界限，在整个室内环境中占据了最大的视觉面积，其装饰设计的重要性不言而喻。装饰画、照片墙、搁板等墙面装饰，不仅能起到丰富色彩点缀、增加视觉重点、补充收纳功能等作用，还能增添家居的艺术气息。

墙面装饰（源于 NORDICO ）

6.1 装饰画的选择技巧

装饰画操作简单、使用灵活、选择多样，成为墙面装饰中最为常见的元素。众所周知，好与坏并非绝对，凡事只有适合与不适合之分，装饰画的选择同样如此。在分析了空间的视觉焦点之后，应根据所处空间的大小和风格、所悬挂墙面的范围和色彩来选择合适的装饰画尺寸、题材、色调及画框样式。

6.1.1 尺寸

在选购装饰画之前，第一件事就是要确定装饰画所悬挂的位置，并测量好墙面的宽度和高度。如果空间较为宽裕，宜选用较大尺寸的装饰画或组合画，过小的画面会降低装饰画的装饰性；而当空间较为局促时，则应适当减小装饰画的面积或减少组合数量，避免墙面产生拥挤、压迫的感觉。

单幅大尺寸装饰画会给家居空间带来统一的格调（源于 ZROBYM）

局部小墙面可以选择多幅较小的装饰画（源于勃尔丽美）

装饰画的尺寸比例可根据墙面形状确定（源于贝占风格）

6.1.2 题材

随着设计产品的丰富，装饰画的内容越来越精致，可选择的题材也越来越广泛。只要遵循一定的美学规律，甚至可以选择多套产品，在不同的季节、节日或场合，甚至是随着心情的变化来悬挂不同的装饰画，为生活带来新鲜感。

◎ 常用装饰画题材推荐

抽象

简约

风景

人像

动物

植物

字母

汉字

建筑

线条

几何形

地图

水彩画

水墨画

油画

6.1.3 画框

　　除了画面本身的内容，画框作为装饰画的边缘界定，拥有不同的颜色、材质和样式。画框的选择对于最终的装饰效果影响巨大。常见的画框材质有实木、铝合金及合成材料；颜色以白色、黑色、原木色、胡桃木色居多，为营造活泼靓丽的效果，也可使用红、黄、蓝等彩色画框。

常见画框颜色

画框的色彩、边框粗细对装饰效果有很大的影响
（源于 iNT2）

　　如今，画框的形状呈现出更加多样化的趋势。除了常见的长方形、正方形外，圆形、六边形、横长幅、竖长幅等样式也越来越多地运用到家居空间的设计中。

长方形

正方形

圆形

六边形

横长幅

竖长幅

另外还有一些无框画、卷轴画等形式，甚至是用胶带纸或燕尾夹直接固定的纯画芯，也经常用在局部墙面的装饰上，多用于卧室、书房等私人空间，设计效果同样不俗。

画芯装饰

6.2 装饰画的空间布置

对于不同功能的家居空间来说，装饰画的布置方法也有所不同，应根据各个空间的需求和所要表达的氛围来决定如何选择和搭配。正确的布置不仅能让空间焕然一新，还能体现出居住者的品位和格调。值得注意的是，装饰画并非越多越好，在一个空间内有一两个视觉焦点就足够了，盲目堆砌反而会使空间显得杂乱，失去了装饰的意义。

6.2.1 客厅装饰画

一般情况下，沙发在客厅中占据绝对的主角地位，所以客厅装饰画的布置通常就是指沙发背景墙的设计。客厅装饰画的色调以简洁明快为主，不宜选择过于暗淡或刺激的色彩，否则长时间身处其中会让人心情沉重、情绪紧张。在空间构图上，通常都是以沙发为中心。装饰画的整体宽度略小于沙发，避免产生头重脚轻的感觉，高度以画面中心略高于平视视线为佳。

◎ 常见构图方式

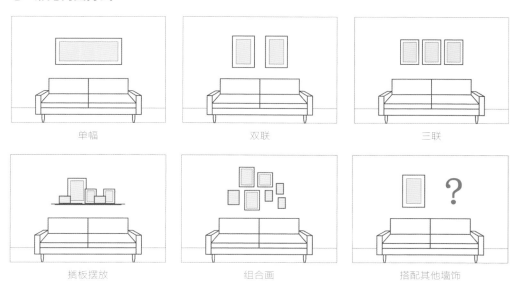

| 单幅 | 双联 | 三联 |

| 搁板摆放 | 组合画 | 搭配其他墙饰 |

双联、三联是简单的对称式挂法，要求画框材质统一，画面内容协调。搁板摆放的方式，无须事先设定画面构图，布置更加灵活，可在使用过程中自由变换排列方式。组合画的搭配既要考虑各个挂画之间的大小组合、设计构成，彼此之间留出一定空隙，又要将组合画看作一个整体，来衡量其在更大空间范围内的比例关系。如果沙发背景墙上有窗户，或者设计了局部材质、色彩的变化，又或者搭配了搁板、挂钟、壁灯等墙饰，这种情况下，单看装饰画的中心可能是偏移的，但整体构图却是均衡的。搁板既要有一定的承重能力，还要有防止滑落的措施，如带有沟槽或遮挡条。组合画中的画幅数量不宜过多，尺寸规格应不超过 3 种，组合时可根据中心、底面或顶面平齐构图。

整体画面宽度略小于沙发

利用搁板来摆放不同大小的装饰画

搁板

组合画

装饰画和壁灯搭配，共同构成沙发墙的装饰（源于 aTng）

6.2.2 餐厅装饰画

餐厅作为一家人用餐的地方，需要营造温馨愉悦的氛围，装饰画的运用是常见的手法之一。不同于客厅布局的大同小异，不同家庭的餐厅之间通常有着明显的差异，所以餐厅装饰画的布置没有固定的设计思路，只要满足基本的原则就可以了，即与整体风格统一。

热烈丰富的餐厅装饰画（源于 aTng）

清新淡雅的餐厅装饰画

现代家居中，几乎每家每户室内都有一个电表箱，而且所处位置通常还比较显眼，如餐厅、玄关等区域。如果觉得电表箱直接裸露在外不太美观，则可以选择电箱装饰画来遮挡。

餐厅的电箱装饰画（源于云图家居）

6.2.3 卧室装饰画

卧室是用于休息的场所，需要营造温馨安逸的氛围，所以装饰画的选择以清新淡雅为主。通常将装饰画悬挂在卧室床头倚靠的墙面，以床体或床头柜为中心进行布置。设置方式与沙发背景墙类似，这里不再重复。以床头柜为中心布置装饰画，适用于面积较小的卧室，旨在形成新的视觉焦点。

卧室装饰画的设置方式与沙发背景墙类似（源于晓安设计）

适用于面积较小的卧室
（源于 Avenue）

6.2.4　工作台

　　无论面积大小，工作台毕竟是一个独立的功能区域，为了提升工作空间的文化艺术氛围，彰显其重要性，通常也会做一定的装饰。一般情况下，设计会以墙面的搁板、书架为中心，装饰画只是作为点缀。即使将装饰画作为装饰主体，其布置也不宜太过杂乱，以免分散工作时的注意力。

装饰画悬挂于书桌正对或背靠的墙面上（源于 INT2）

装饰画直接摆放在桌面上

6.2.5　儿童房

　　儿童房的空间通常不会太大，所以宜选择小尺寸的装饰画作为点缀。画面内容多以色彩斑斓的卡通、动物、植物为主。

儿童房可以尝试圆形、多边形等异形画框的装饰画（源于贝占）

6.2.6 玄关

　　玄关作为家居空间给人的第一印象，除满足实用功能的需求外，还有一定的美观要求，所以经常在正对大门入口的墙面上悬挂装饰画，或将装饰画摆放在鞋柜顶面，增加其装饰性，分散人们对衣帽等具体事物的注意力。

玄关装饰画

6.2.7 台面

　　在电视柜、餐边柜、鞋柜等柜台之上，以及餐桌、书桌等桌面之上，都可以有选择性地摆放一两幅装饰画，通常还会搭配些绿植、摆件等来丰富局部空间的装饰层次。

装饰画作为点缀，宜少而精（源于 IKEA）

6.3 其他墙面装饰手法

除装饰画外，还有很多的墙面装饰策略，如手绘墙、绿植、挂毯等，合理地选用和搭配墙面装饰，往往能创造出更加丰富多样的视觉效果。墙面的色彩、壁纸、肌理以及壁灯、装饰照明等已在前面章节中有所提及，此处不再赘述。

6.3.1 照片墙

照片墙通常由几种大小、形状、颜色不同的多个相框组合而成，每一个画面之中都定格着人们的回忆或憧憬，所以照片墙不仅是空间的重要装饰，还可以记录和展示人们日常生活的点点滴滴，讲述一个个美丽的故事。照片墙常用在玄关走廊或较长的局部墙面上，通过组合，形成一道与众不同的风景线。

相框组合之间的间距以 50 mm 左右为宜，太近会显得拥挤，太远则显得散漫。在购买成品照片墙组合时，一般都带有推荐构图的图纸，可以以此为基础进行搭配。

相较于装饰画，照片墙往往占用更多的墙面面积（源于 PLASTERLINA）

此外，还可以借助网格、麻绳、搁板、手绘墙等来搭配布置。

除单纯的相框组合外的墙面装饰（源于 the Merry Thought）

6.3.2 手绘墙

手绘墙类似于街头涂鸦，用在家居空间中，则要求绘画材料更加环保，绘制图案与整体风格相吻合，多用于客厅背景墙或儿童房墙面。好的手绘墙不仅具有很好的装饰性，还能体现出居住者的艺术格调和审美个性。但是，如果绘制者能力、品位有限或题材选择不当，则很容易走向庸俗的一面。所以手绘墙是把难以驾驭的"双刃剑"，应谨慎使用。

手绘墙（源于 ZROBYM）

6.3.3 墙贴

墙贴又叫随意贴，与传统的手绘墙不同，它是带有胶贴的现成图案，大部分不需要重新设计，只要动手贴在墙上即可。所见即所得，具有很直观的装饰效果，而且操作简单，可以轻松搞定。

墙贴（源于 Craftifair）

6.3.4 置物架

　　置物架是由横板及支架组合而成的用于放置物品的架子。对于家居空间来说，置物架不仅是方便实用的收纳工具，而且造型灵巧多样，有很好的装饰性；加上其开放式的设计，其上摆放的书籍、绿植和摆件一目了然，在方便拿取的同时还具有一定的展示作用。

置物架（左图源于 Craftifair，右图源于 wotime）

6.3.5 壁挂植物

　　除了落地的大株绿植及桌面摆放的盆景，一些壁挂植物同样能给家居生活带来一抹清新绿意，让室内空间中弥漫着自然的清冽与芳香。

壁挂植物（左图源于 Craftifair，右图源于创木工房）

6.3.6 挂毯

　　这里所说的挂毯不是中国的传统壁毯，北欧风格中常用的挂布（Tapestry）和流苏花边（Macrame），大家都习惯称之为挂毯。挂布即悬挂的带有各种图案的装饰布，可用于卧室、客厅、读书角等空间的局部背景装饰；流苏花边是一种源自拉美的手工编织方式，可以创造出丰富多样的花纹，除购买成品外，还可以根据自己的需求定制，制作过程并不复杂，网上有很多教程可供学习，有时间和兴趣的朋友不妨自己动手做一个。

挂布（源于 urbanoutfitters）　　　　　　　流苏花边（源于 urbanoutfitters）

6.3.7 挂钟

　　由于手机和手表的普及，现在的挂钟已经不只是用来看时间这么简单了，其装饰性往往也是大家关注的重点。所以现在的挂钟也大多设计美观、质感考究，或简约大气，或文艺雅致，或充满科技感，具有很好的墙面装饰效果。

挂钟与家具风格统一，相得益彰（源于自然家）

6.3.8　挂历

挂历是 20 世纪后 20 年风靡我国的实用品之一，内容较为世俗，常见的有政治人物或娱乐明星等，现在已经慢慢地被大家遗忘了。近年来，随着几款网红挂历的兴起，其实用性和装饰性又开始受到人们的关注，成为备受年轻人喜爱的墙面装饰。

INS（起源于一款 instagram 软件形成的图片风格）风简约数字挂历（源于述物）

6.3.9　挂盘

有些作为餐具的盘子具有精美的色彩和图案，可通过不同的组合，创造出更加艺术化、更加令人惊喜的效果。普通盘子可采用海绵胶或铁丝挂钩等方式固定，如果是本身自带挂钩的专用装饰盘，则可以直接悬挂在钉子或无痕钉上。

色彩斑斓的装饰盘（右图源于格梵·品居）

6.3.10 金属网格

　　以前人们都是去建材市场购买一块合适尺寸的金属网格，然后将其喷成黑色、白色、玫瑰金等任何自己想要的颜色，现在则有很多成品及配件出售，设计更加精致，款式也比较多样。无论是哪一种方式，网格往往是作为载体使用，重要的是悬挂其上的配饰。网格除了起到收纳的作用外，还可以在上面贴一些心情便签，或者自己喜欢的图片、照片、公仔等装饰品。

金属网格

6.3.11 洞洞板

　　洞洞板的原型就是收纳工具用的钉板（peg board），以阵列的圆洞为基础，可根据需求添加木棍、直板等配件，以满足不同的收纳需求，通常用于玄关、客厅或书房等空间，多为原木色或白色。

洞洞板（右图源于 JORYA 玖雅）

6.3.12 动物元素

　　除了装饰画中的动物元素，还可以选择更加立体的装饰挂件，客厅中较为常见的就是鹿头了。在西方，中世纪的骑士用围猎时射杀的鹿、牛的头骨来装饰客厅，有炫耀自己武功的意思；而在国内，"鹿"与"禄"谐音，又有逐鹿之说，所以鹿代表着富贵和权力，具有很好的寓意。

3D 鹿头装饰（源于 INT2）

成组动物头部装饰搭配（源于云康工作室）

第 7 章

软装搭配要素
——花艺和绿植

本章学习要点

» 花艺的选择和搭配
» 绿植的推荐和搭配
» 花器的分类和推荐

花艺和绿植是家居空间的常见装饰，两者都可以为家居环境带来清新自然的气息，是美化空间、满足用户审美需求的重要手段。

花艺和绿植（左图源于 Craftifair，右图源于 MUUTO）

7.1 花艺的选择和搭配

花艺又叫插花，是指将剪切下来的植物的花、枝、叶、果进行组合，以达到某种装饰效果或美学意境的造型艺术。对于家居生活来说，摆放合适的花艺，不仅能呈现出优雅美观的视觉效果，还能彰显居住者的审美情趣和艺术品位，同时具有让人放松身心的作用。

7.1.1 花艺的选择

在选择花艺时，不仅要造型美观大方，还应充分考虑其材质、色彩与整体家居环境的协调统一。

◎ 材质

常见的花艺材质有鲜花、干花和仿真花。鲜花真实自然，色泽艳丽，可以散发出令人愉悦的香气；但保存时间短，需经常更换，成本较高。在插花之前，最好将鲜花的花脚倾斜着重新剪一下，因为原切口可能会在生物的自我保护机制下形成一定程度的封闭层，影响水分的吸收。

干花即利用某种工艺将鲜花迅速脱水制成的花艺装饰，保留了花朵原有的香气和形态，易于长期保存，具有独特的装饰艺术效果。虽然干花色泽上较之鲜花有些黯淡，但这种低彩度恰恰是最近非常流行的家居风格。

仿真花是指用绢、布料、塑料等材料制成的假花，其色彩和形态基本上与鲜花一致，但价格更实惠，可塑性强，保存时间也更长。

鲜花

干花

仿真花

◎ 色彩

大自然的花卉五颜六色，可以根据需求组合出不同的装饰形态。常见的搭配方式有同色系搭配、邻近色搭配、对比色搭配、三角色搭配及缤纷色搭配，在组合时应处理好各种色彩的比重关系，打造出平衡稳定的视觉效果。同时要注意和室内环境相协调，当空间颜色较深时，装饰花艺的色彩以淡雅为宜；如果空间色调简洁明快，那么就可以选用一些鲜艳的色彩搭配。使用不同深浅变化的同类色或邻近色，可以表现柔和协调的氛围。对于多种色彩组合在一起的花艺，通常将淡雅的花材放在上部，底部则用颜色较深的花材和绿叶搭配，使整个作品上轻下重，形成视觉稳定性。

表现柔和协调的氛围

多种色彩组合在一起的花艺

7.1.2 花艺的空间搭配

除整体风格和个人喜好的影响外，不同的家居空间对花艺的要求也不尽相同，包括颜色、大小、摆放的形式以及花器的选择等。同时，花艺的选择还应充分考虑其气味对空间环境的影响，如淡雅清香的花材有助于居住者放松精神、缓解疲劳。

客厅茶几上的花艺要与客厅整体色调保持统一，且不宜太高，以免挡住看电视的视线。电视柜或其他斗柜的台面上通常会摆放一些小型花艺，可与绿植、摆件等搭配。餐桌上的花艺不能占用太多桌面面积，且不宜散发出过分浓烈的气味。

客厅茶几上的花艺　　　　　　　　小型花艺　　　　　　　　餐桌上的花艺

卧室适合摆放小型花艺，给人温馨安静的感觉。将干花成束或结成花环挂在墙面上是当下很流行的做法。洗手台的台面上可摆放一两个小型花艺，以增加卫浴空间的装饰气氛。

卧室适合摆放小型花艺　　　将干花成束或结成花环挂在墙面上　　　洗手台的两个小型花艺

7.2 绿植的推荐和搭配

在家居空间中摆放绿植不仅可以起到美化装饰的作用，还能净化室内空气，给家居环境注入自然的气息，打造出生机盎然的居住氛围。同时还可以利用绿植的摆设来起到遮挡杂乱部位或划分空间的作用。

在选择绿植的种类时，要考虑到房间的大小和采光条件是否满足植物的习性。除特意打造的植物角或阳台花园外，整体空间的绿植搭配宜少而精，以便形成视觉上的主次韵律。

7.2.1 常用绿植推荐

表 家居常用绿植推荐

植物名称	植物图片	植物简介
龟背竹		龟背竹又名蓬莱蕉，喜温暖潮湿环境，耐阴，切忌强光暴晒和过分干燥。植株可大可小，可疏可密，适用于各类空间。修剪下的叶子插入水瓶之中，亦能保持较长时间
琴叶榕		琴叶榕因叶片先端膨大呈提琴形状而得名，株型高大，挺拔潇洒，观赏性强，是理想的客厅大株观叶植物，也可用于装饰阳台或者庭院。性喜温暖、湿润和阳光充足的环境，对水分的要求是宁湿勿干
虎皮兰		虎皮兰又名虎尾兰、千岁兰，以欣赏叶片为主，叶形和纹理有几十种之多。适应性强，性喜温暖、湿润，耐干旱，喜光又耐阴
鹤望兰		鹤望兰又名天堂鸟，叶大姿美，花形奇特，成型植株一次能开花数十朵，是一种高贵的观花观叶植物。其属亚热带长日照植物，性喜温暖、湿润、阳光充足的环境，畏严寒，忌酷热，忌旱，忌涝
散尾葵		散尾葵又名黄椰子、紫葵，有着热带雨林的独特风味，为家居环境增添清新自然之感。性喜温暖、湿润、半阴且通风良好的环境，怕冷，耐寒力弱
量天尺		仙人掌科量天尺属植物，原产于美洲热带和亚热带地区。喜温暖，宜半阴，在直射强阳光下植株发黄。生长适温为25 ℃~35 ℃，对低温敏感，在5 ℃以下的条件下，茎节容易腐烂

植物名称	植物图片	植物简介
绿萝		大型常绿藤本植物，生命力顽强，是室内最常见的绿植种类之一。不管是盆栽还是垂吊，或者是折几枝茎叶水培，又或者让其攀附于用棕扎成的圆柱上，都可以良好地生长，具有多样化的装饰功能。绿萝属阴性植物，喜湿热的环境，忌阳光直射
白鹤芋		白鹤芋开花时十分美丽，不开花时亦是优良的室内盆栽观叶植物。白鹤芋叶片较大，对湿度比较敏感，喜高温高湿，也比较耐阴，忌强光暴晒
发财树		不少家庭都喜欢在客厅内放一盆发财树，一方面是其树形优美，是一种非常好看的观叶植物，另一方面则是因为其名字蕴含着吉利的寓意。发财树性喜温暖、湿润、向阳或稍阴凉的环境
薄荷		薄荷又名银丹草，开淡紫色小花，叶对生，散发出淡淡的清香。为长日照作物，性喜阳光，对温度适应能力较强，日照长可促进薄荷开花，且利于薄荷油、薄荷脑的积累
空气凤梨		空气凤梨是一种完全生长于空气中的植物，不用泥土即可生长茂盛，并能绽放出鲜艳的花朵。它们品种繁多，形态各异，既能赏叶，又可观花，具有很好的装饰性，通常用于垂吊和壁挂
多肉植物		多肉植物是指植物根、茎、叶三种营养器官中至少有一种是肥厚多汁、具备储藏大量水分功能的植物。多肉植物的种类繁多，形态各异，多用于营造桌面微景观

7.2.2 绿植的空间搭配

　　室内摆放绿植应有所取舍、疏密有致，否则会给人太满或太乱的感觉。除了考虑绿植的数量及尺寸外，还应考虑其类型风格和色调是否与家居空间相协调。当居室颜色较深时，宜选择小株且颜色清新的植物做点缀；倘若居室色彩较为单调，则可以选择大植株与小盆栽的搭配，起到丰富空间的作用。同时还应注意绿植摆放的位置应符合场所环境的要求，这样才能更好地烘托环境氛围。

◎　客厅

　　客厅中的小型绿植可摆放于茶几或斗柜的顶面上，大型落地植物则常布置在沙发或电视柜的一侧，以营造出高低错落的韵律。如果正好位于墙角，则可以选择较为高大的木本观叶植物，让家具挡住植物的底部，使它们的枝叶延伸出来，营造被自然包围的形态和气氛。

可利用花器改变绿植的视觉高度

◎　卧室

　　卧室应给人以温馨舒适的感觉，所以绿植的搭配也以清新淡雅为主。如果卧室空间较小，可选择较小的绿植摆放在床头柜或窗台上；而当空间较为宽敞时，则通常在靠窗一侧的角落里布置一些中型绿植，以增加空间的生机与活力。

在窗台上摆放小型绿植　　　　　　利用卧室的角落布置中型绿植（源于 Robert&Christina）

置物架在室内各个功能房间中都很常见，可起到收纳和展示的作用。除了搁置书籍等日常用的物件外，通常还会摆放一两盆绿植作为点缀，将绿植的装饰维度从平面延伸到立体空间。

如果室内空间充裕，可以选择在阳台或某个通风采光良好的区域打造一个植物园，面积不一定多大，只需 1 ㎡即足够打造出一片"丛林"。

搁板上的小型盆栽　　　利用高低错落的绿植表现出茂盛的感觉　小而多的盆栽，可分层放置在植物架上

7.3 花器的分类和推荐

正所谓"好马配好鞍"，无论是花艺还是绿植，都要有合适的花器做陪衬，才能呈现出更好的装饰效果。花器的选择一方面要依据花艺、绿植的搭配原则——对于花艺来说就是"长枝高瓶、短枝矮瓶"，避免出现头重脚轻或头轻脚重的搭配，对于绿植来说，则可以通过花盆的材质、色彩以及支架来平衡上下的比例关系；另一方面也要考虑其摆放的空间，如客厅宜庄重大方，卧室宜简洁温馨，书房宜清新雅致等。

如今，花器的种类繁多，在材质、色彩、造型等方面都为我们提供了多样化的选择，所以摆在我们面前的问题已经从"没得挑"转变成了"如何选"。其中材质因素最为直观，对花器的性格影响也最大，所以一般都按材质的不同对花器进行分类。

◎ 玻璃花器

玻璃花器简洁时尚，具有轻盈通透的特点，可以将插入的花枝若隐若现地展示出来，凸显出迷人的层次感，将花艺映衬得更加美丽娇艳。

述物 INS 风细口插花瓶　　　　　　　　　　MUUTO 大容量插花瓶

◎ 陶瓷花器

简单来说，陶瓷是陶器和瓷器的统称，如果按材质进一步细分的话，还有粗陶、精陶、炻器、半瓷器、瓷器等。陶瓷花器的肌理、纹样和造型非常多样，是花艺装饰中最常见的容器。粗陶花器古朴自然、禅意十足，瓷质花器色泽鲜亮、精致典雅。

小型瓷质花艺容器

大型绿植栽种花盆，可搭配实木支架调节高度

小型粗陶插花容器

基本款陶土花盆

◎ 金属花器

　　北欧风格中的金属花器以不锈钢和黄铜为主，一般体型较小，可以精致，也可以轻微做旧，体现出不同的装饰特点。黄铜材质兼具古典和现代的韵味。金属花器除摆放于桌面，还可搭配金属支架落地使用。

黄铜材质花器

花器搭配金属支架

◎ 藤编、草编花篮

　　由天然材料编织而成的花器，具有朴实自然的特性。花篮可直接插放干花，而当用于栽种绿植时，通常会在内部放置一个隔水的基础款花盆。

花篮与简约自然的北欧家居风格相互映衬（源于淘物）

◎ 牛皮纸袋

牛皮纸袋的使用方法类似于草编花篮，是当下较为流行的 INS 风格中的常见装饰。纸袋上一般会有英文字母或卡通图案，常见的为原色和白色两种，原色素净雅致，白色亮丽清新，可搭配使用。

用牛皮纸袋栽种大株绿植　　　　　　　　　牛皮纸袋用于桌面插放干花（源于实物）

◎ 混凝土花器

混凝土作为被广泛使用的建筑材料，还被应用到室内肌理、灯具、坐具、音响、钟表甚至首饰等产品中。其因独特的质感（内敛却不失力量感）深受设计师的青睐。作为花器，搭配上各类绿植和花艺，更是给人一种清新脱俗的感觉。

落地花盆以基础款的方形和圆形较为常见　　桌面花器同时也是充满创意的摆件、收纳
（源于久处不厌）　　　　　　　　　　　　　（源于久处不厌）

第 **8** 章

设计案例解析

本章学习要点

» 案例一：粉色北欧风小户型

» 案例二：小而美的开放公寓

» 案例三：巧用层高的下沉式客厅

» 案例四：蓝色温馨两居室

» 案例五：舒适实用的地台空间

» 案例六：简约开阔的单身公寓

» 案例七：北欧风与木色的融合

» 案例八：空间换位，回归生活

» 案例九：施工洞巧变吧台

» 案例十：高级粉营造青春气息

» 案例十一：简约与丰富的平衡

» 案例十二：木质与色彩的碰撞

8.1 案例一：粉色北欧风小户型

对于套内面积只有 32 m² 的小户型来说，如何在有限的空间内最大限度地满足业主的设计需求，是设计师需要面对的挑战。在硬装布局方面，仅对厨房和卧室区域的设计做了改动。

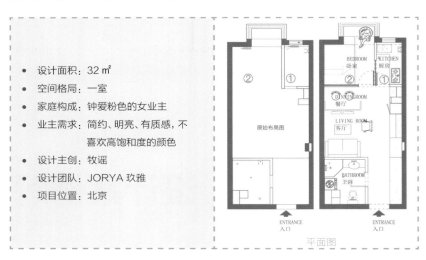

- 设计面积：32 m²
- 空间格局：一室
- 家庭构成：钟爱粉色的女业主
- 业主需求：简约、明亮、有质感，不
  喜欢高饱和度的颜色
- 设计主创：牧谣
- 设计团队：JORYA 玖雅
- 项目位置：北京

平面图

业主希望客餐厅与卧室之间的隔断采用黑框玻璃门或者矮墙，以保证通风和采光。设计师选择了半墙半黑色铁艺玻璃隔断以满足业主的心愿。安装橱柜后，厨房的剩余空间非常小，在不牺牲卧室空间的情况下，打掉半堵墙，选择黑框玻璃门做卧室与厨房之间的隔断，让厨房在视觉上变大。

整体印象

规划功能分区后，客餐厅仅有 12 ㎡，但却完美满足了电视柜、餐厅、展示区、玄关衣帽间等功能需求，"麻雀虽小，五脏俱全"。

客厅

在家具的选择上，无论是双人布艺沙发、几何地毯，还是茶几组合和推车边桌，都是北欧风格的经典样式。

茶几和边桌

通过定制柜体将电视墙与吧台融为一体，客厅一侧预留电源做电视墙，卧室一侧则做内凹处理用作吧台，是小户型客餐厅的最佳选择。

业主的衣服很多，鞋子有近 40 双，需要足够的储物空间。入户右侧设计白色通顶玄关柜，在满足业主进出门需求的同时增加大量的储物空间。左侧则采用磁性黑板墙，可用来张贴照片或明信片，也可以涂鸦或者随手记。

餐厅 玄关

卧室部分墙面涂刷粉色乳胶漆，形成半围合的粉色空间，营造出温馨舒适的睡眠环境，舒缓居住者紧绷的情绪，使之得到充分的休息和放松。

床头柜放置在小阳台，既可用于床头储物，也可以与阳台结合，形成简易的休闲阅读区域。

卧室

入户右侧的柜体一直延伸到厨房，在靠近厨房处留出凹槽，将冰箱内嵌进储物柜。两侧规划多层置物搁板，用以收纳展示业主的书籍、香水、酒瓶及马克杯等物品。

厨房橱柜统一采用精致的回字形柜门，整体以简洁干净的浅色铺陈，后退色让狭窄的厨房空间看起来明亮宽敞。墙面挂杆、磁性挂架及油烟机上的磁性圆盒等收纳神器，都让这块调度柴米油盐的方寸之地变得更加井井有条。

储物柜

厨房

卫生间内，淋浴房、浴室柜、洗衣机、马桶一应俱全。卫浴空间在风格上延续了少女粉，选用粉色防水乳胶漆，避免潮湿水汽侵蚀墙面。

业主选购了吸附挂钩用在马桶侧边，用以整理收纳清洁用具。而台盆区的网红款石材托盘、汉斯格雅单把手面盆龙头、折叠壁挂双面化妆镜，种种细节都体现着设计师和业主对精致生活的追求。

卫浴空间

卫生间的小细节

8.2 案例二：小而美的开放公寓

项目的业主是一对年轻夫妇，公寓将作为他们未来几年的居住场所。套内面积只有 40 m²，但经过设计师的重新规划、合理布局，将客厅、餐厅、卧室、工作区、卫生间、洗衣房等功能空间完美地融入其中，甚至还在阳台开辟了一块休闲区域。本案堪称小户型公寓的经典案例，对于现在城市中的年轻群体来说多有可取之处。

- 设计面积：40 m²
- 空间格局：一室
- 家庭构成：夫妻二人
- 业主需求：实用、丰富但不拥挤
- 设计团队：INT2 architecture
- 项目位置：莫斯科

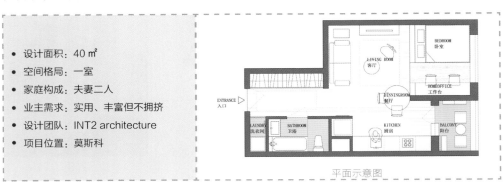

平面示意图

主体空间采用开放式布局，尽量减少隔断，增加小户型的通透性和灵活性。大面积的白色铺陈奠定了明亮的基调，印象色——蓝色同样给人以干净爽朗之感，并以木色和灰色为过渡色，营造出既活泼又不失稳重的空间氛围。对于需要软性划分区域和增加收纳的小户型来说，定制家具可以最大化地适配于空间，往往是布局设计的核心。而在成品家具的选择上，尺寸不宜过大，最好具有低矮、轻盈、方便移动等属性。

整体印象

灰色布艺沙发是北欧家居风格中的百搭选择，通常会搭配不同色彩或图案的抱枕来增加其舒适性和装饰性。吊灯、地毯和装饰画对于客厅区域的重要性和独立性均能起到强调作用。

客厅

利用榻榻米来打造半独立的睡眠区，一侧的储物柜不仅可以收纳客厅的日常物品，还能起到隔断的作用。除入口部分的榻榻米是抽拉式收纳，里面的均为上掀式，可用于存放换季的被褥和衣物。

睡眠区利用素色的床品来打造静谧的睡眠空间。

睡眠区和工作区

睡眠区

利用榻榻米一侧的富余空间来打造简约的双人工作台，两侧均配有抽屉柜来增加收纳能力。该设计之所以成立有两个关键点：一是对地面的重新定义，二是对椅子的选择，利用铁艺镂空椅的轻盈通透来弱化视线中的实体感。

工作区

对于没有独立区域属性的小空间餐厅来说，圆形餐桌是最好的选择，一方面是因为其占地面积小、桌面利用率高，另一方面则是因为圆形的轮廓解决了与周围环境的过渡衔接问题。在餐厅靠近阳台的一侧，将现有墙面设计为磁性黑板墙，不容易够到的上层区域用壁挂绿植装饰，中间区域则摆放了各种配餐调料；还可以利用黑板墙的可书写性，来对各个物品进行标记。

餐厅

利用单排的墙面空间打造整体橱柜，保证足够的收纳能力，并将烤箱等电器嵌入其中，便于维持厨房的整洁。背景墙面采用了几何图案的墙砖，提升了厨房空间的美观度和设计感。

　　卫生间的一侧有个不到 1 ㎡ 的夹缝空间，正好可以放下洗衣机。一般情况下，建议小户型选择带有烘干功能的滚筒洗衣机，这样可以减少晾晒衣服所占用的时间和空间，同时洗衣机上方的搁板也可以用来放置清洁用品。

厨房

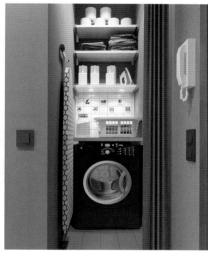

洗衣房

　　阳台虽然不大，但在设计和装饰上也花了一番心思。靠门一侧的墙面设计了展示型书架，靠里边的位置则用来打造了一面植物墙。中间摆放一套阳台桌椅，闲暇时分，读读书或享用点下午茶，生活好不惬意。

阳台

8.3 案例三：巧用层高的下沉式客厅

原建筑层高 3.8 m，然而由于大量交错的梁体限制，可用层高只有 3.5 m，不能做成双层都可直立的 Loft 空间，并且阳台与客厅存在两步台阶的落差和移门分割，未能融入室内的阳台显得独立，使得整体空间较为局促。

- 设计面积：60 m²
- 空间格局：一室
- 家庭构成：夫妻二人
- 业主需求：有大量的收纳空间，又要满足聚会时的活动空间需求
- 设计团队：本墨设计（BEME）
- 项目位置：上海

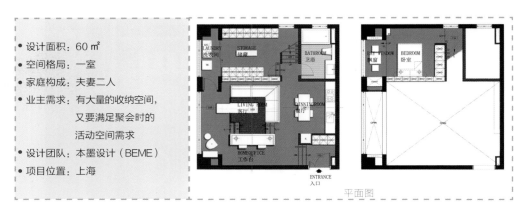

平面图

业主希望有大量收纳空间，又要满足朋友聚会时的活动空间需求。通过抬高 50 cm 的地台，不仅增加了大量储物功能，还将阳台面积和客厅融合，视觉上更加开阔。特色的下沉式客厅打破了原有空间的空旷及视觉单一感，全屋根据不同的使用频率及使用舒适度设计了 7 个不同的层高，运用高低的错层关系分割空间，最终得到舒适好用的居住体验。

整体印象

一层：书房、客厅、厨房、餐厅以及阳台功能都以开放式融合为一体，让整个空间保持其开敞的特色，并且动静分离。可以分别通过阳台和楼梯侧门进入洗衣房与储物间，实现环形动线，更方便收纳和操作。

二层：由钢结构架起二层卧室，保留私密性，将整面书柜作为隔墙，卧室的正下方是隐蔽的储物间及洗衣房。

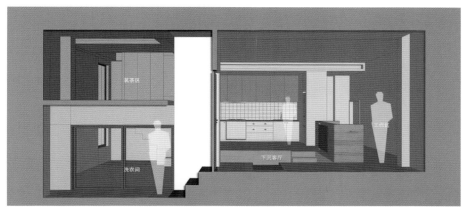

剖面图

此户型最大的特色便是层高，毛坯总高 3.8 m，但是由于梁体复杂，加上众多管道问题，客厅上方采用了全吊顶、无主灯的方式，保留了梁下 3.5 m 的层高。地面局部抬高 50 cm，在增加储物空间的同时自然形成了下沉客厅的雏形。

地面局部抬高

入户门厅满足常用鞋子及衣物的收纳需求，鞋柜上下留白，分别暗藏 LED 灯条，相比顶天立地的柜子，柔和的间接照明让空间更加通透。为了在夜晚上下楼梯更方便，进门左侧台阶做了下挂檐口灯槽，暗藏 LED 照明灯带。

原客厅和阳台之间有一道移门，设计时在拆掉移门的同时抬高地面，解决了原建筑窗台过高、视觉受阻带来的压抑感。为了能让坐在沙发上的人有个舒服的靠背支撑，在沙发周围做了加高处理，在打扫地面灰尘的时候也不会弄脏沙发靠垫。沙发背后的书架作为客厅和储藏间的分隔，便于屋主拿取书籍，同时也是很好的背景墙面展示。

玄关　　　　　　　　　　　　　　　　　　阳台与客厅

现场制作的地台柜创造出 10 ㎡ 的收纳空间，让家里的一些大件物品有了更好的容身之所。为了方便地面打扫，设计中没有安装把手，而是使用吸盘拉起柜门，拿取物品也相当方便。使用活动金属方管把箱体隔开，确保踩在地板上不会变形。方管下方连通，可以摆放大件收纳箱，以更好地利用空间。柜内如有灰尘可使用手持吸尘器清洁。

地台柜

书桌可供两人同时使用，工作的同时还可以和坐在沙发上的家人交流沟通，半围合的书桌挡板可以遮蔽桌面。书桌的背面就是客厅的电视柜，平整嵌入的电视得益于预先计算好的尺寸，电视电源线可以通过书桌内部预埋的线管隐藏起来。木饰面与木地板的颜色和肌理近似，也让空间更具整体性。

书桌与电视柜

通过茶几和定制的金属植物盒将客厅和阳台两个空间连接在一起。设计初期本想定制胡桃木整板茶几，等了小半年，后来实在等不及就买了成品茶几，高度同盆栽器皿有一定的落差，算是一个小小的缺憾。

茶几和绿植

书柜旁边的门可以通往洗衣房和储物间，而对面则是充满生机的植物角和读书角，满是温暖的阳光，绿意盎然。大小刚刚好的高脚书柜可用于收纳种植工具和近期阅读的书籍。

书柜一侧

厨房属于高频使用区域，为减少油污造成的影响，特意铺设 600 mm 宽的瓷砖地面（三块完整瓷砖），与木地板无缝拼接，几何纹饰的地砖耐脏，也更便于清洁。餐桌就近摆放，当橱柜台面不够用的时候餐桌可以临时充当岛台。

事先选定冰箱的型号，在设计时根据尺寸预留空间，冰箱左右两侧各留 5 cm 缝隙，确保冰箱能完整嵌入，又不影响冰箱门的正常开启。

餐厨空间 1

餐厨区域融合了 3 种照明方式：天花板使用 3000 K 色温的射灯提供环境照明；吊柜下方使用 4000 K 色温的感应式照明，提供台面黄金区域的局部照明；色温 3500 K 的装饰吊灯距离餐桌 75 cm 左右，为进餐提供良好的氛围，确保每一个区域的光照亮度和层次。

靠近灶台的墙面刷了一面黑板漆，便于遮盖和清理烹饪过程中可能迸溅的油污。同时在墙面上悬挂一块 1 200 mm × 900 mm 的洞洞板，可用于挂放工具和器皿，迷迭香、薄荷等可食用植物也可以作为装饰挂起来，美观实用。

餐厨空间 2

为了使卧室空间在视觉上更高，天花板统一使用 3000 K 色温的嵌入射灯，地面选用无靠背矮床。中央空调内机部分的吊顶高度为 1.9 m，其他部分尽量保留原天花板 2.2 m 的高度。床头矮墙上方在视平线高度设置通透的玻璃，增加采光的同时也与客厅有了互动，保证了整体空间的通透和舒适。

卧室

靠窗设置茗茶区，其下方是洗衣房。为了满足直立高频使用的洗衣操作，茗茶区域做了局部抬高处理，形成独立的空间属性，可以在此喝茶、打坐、冥想及储物，保证上下两个空间的使用舒适度。

通过动线的划分巧妙地把侧窗设置在正对楼梯的位置，既满足了公共空间的采光需要，又解决了储物间的通风问题。楼梯左侧为 14 ㎡ 的储物间，右侧是卫浴。

储物间里面准备了一条长凳，如果需要长时间整理，坐在长凳上不会很累。楼梯下方以及洗衣房都有窗户，解决了空间采光通风的问题。茗茶区下方 1.95 m 层高的洗衣房可供成年人直立行走，使用时不会产生不适。

楼梯采光设计　　　　　　　　　　　储物间与洗衣房

抬高的地面刚好可以设置下沉式浴缸，可以泡澡也可以淋浴，1.6 m 的嵌入式浴缸周围用石材包围更显精致。泡澡的时候点上蜡烛、放点音乐，小小的仪式感让人感到幸福。壁挂式马桶、水龙头以及成品背光化妆镜，每一件单品都简洁大方，也更方便清扫。绿色的地砖、台面上的装饰画及喜阴绿植，让卫生间平添几分生气。

卫浴空间

8.4 案例四：蓝色温馨两居室

原户型客厅被墙壁切开，空间较小，餐厅区域很局促，卫生间也不是业主想要的三分离形式。设计师了解了业主的意愿后，不拘泥于传统客厅电视中心的做法，将隔在客厅和卫生间的墙壁拆除，扩大了餐厅空间，同时实现了鞋柜、储物柜、电视柜一体柜的功能，将电视放置在柜体中；而飘窗则成了一个可坐卧看剧的休闲之所，让客厅空间更加宜居。设计师又改变了卫生间的开门区域，增加了卫生间空间，从而满足了业主三分离式的需求。

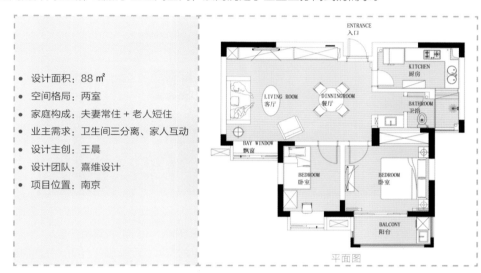

- 设计面积：88 m²
- 空间格局：两室
- 家庭构成：夫妻常住 + 老人短住
- 业主需求：卫生间三分离、家人互动
- 设计主创：王晨
- 设计团队：熹维设计
- 项目位置：南京

平面图

整体印象

业主原本是不打算在客厅放置电视的，但在实际操作过程中，考虑到家中老人短住时的娱乐需求，最终还是加了电视。设计师跟随业主这样一个"会用但不常用"的生活习惯，设计了这样一个不以电视为中心的客厅空间。设计师将电视藏进柜体中，并且不正对沙发，既是生活习惯的体现，也是对生活习惯的督促。

沙发与电视柜布局

有生活体验的人都知道，家中的储物空间是永远不嫌多的。设计师将飘窗设置成了一个可以坐卧看电视和阅读的休闲区域，同时也可与坐在沙发上的家人、朋友进行互动。在飘窗的坐垫下方加了一排抽屉，增加了储物空间，可以收纳客厅的物品或放些书籍杂志。

客厅飘窗

灰蓝色的背景墙是业主和设计师都非常喜欢的,恰到好处的灰度让家更有质感。稍高的沙发底盘是考虑到家庭后期可能会用到扫地机器人,避免卫生死角。

质感和造型都很好的黑白双色茶几,黑面是磨砂烤瓷面板,白面是钢化玻璃面板,配上小株绿植,颇有几分闲适禅意。精致实用、古朴可爱的杂志架将皮质和铁艺完美结合,堪称此区的点睛之笔。

沙发区域

客餐厅区域的整面柜体囊括了入户鞋柜、储物柜、电视柜 3 种功能,柜体由上而下,在保证界面完整的情况下,也使收纳容量最大化。入户鞋柜功能区域留出了 200 mm 的距地高度,方便放置拖鞋,柜体内部还细心地用隔板划分了平底鞋、高跟鞋、筒靴的区域。

整面柜

电视柜区域上下都留了开放式格子柜，可辅以一些藤编收纳盒，更易于拿取放置的物品。平板门的设计和制作是很考验设计师的审美及施工方的工艺水准的，柜门把手的选择、柜门与柜门之间的缝隙都必须是不多不少、恰如其分的。

木质餐桌简单实用，与实木餐边柜相呼应，为原本简洁的客厅空间注入了温馨的元素。

开放格子柜与整面柜　　　　　　　　　　　　　　　　餐厅

略带灰度的卧室墙面柔和安静，左侧床头悬挂深蓝色的装饰画，右侧方位则设置为壁灯，在保证构图平衡的情况下，形成一种别致的美感。本案例除了餐厅和儿童房的吊灯外，其他房间均无主灯，设计师喜用灯带和点光源搭配的方式进行灯光布置，柔和的光源更能让人放松身心。

卧室

依据厨房的尺寸及门窗位置，定制效率较高的 L 型橱柜，明确分区、合理收纳。地面采用天然质朴的水泥砖，搭配白色墙砖和白色橱柜，简单干净。

设计师通过改变卫生间的开门，将原本略显局促的卫生间扩成了三分离式。干区用水泥砖上墙，天然质朴的质地很特别，也很迷人。墙面上的挂钩用于挂衣物等。湿区的砖面选择了和厨房同款的小白砖，给人感觉整体统一。

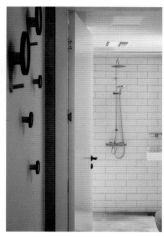

厨房   卫生间

8.5 案例五：舒适实用的地台空间

这是一个旧房改造案例。原始户型的厨房比较小，而且到生活阳台的动线不是很合理；卫生间只能满足基本的"三件套"，没办法装下女业主的浴缸；而阳台部分基本闲置，堆放着生活杂物；玄关处比较窄，缺少足够的收纳空间。

房型的整体格局变动不大。把玄关原来的 24 墙改成 12 墙，节省下的 12 cm 对于原本捉襟见肘的玄关来说是非常可观的；厨房部分在原来的基础上调整了布局，改善动线，以满足男业主一展"身手"的欲望；根据业主实际情况，适当缩小次卧面宽、加大卫生间，达成女业主对浴缸的期许；取消了客厅阳台的推拉门，改成半开敞的多功能书房，满足不同的生活场景需求。

- 设计面积：90 ㎡
- 空间格局：两室
- 家庭构成：夫妻二人
- 业主需求：功能动线梳理，要有浴缸
- 设计团队：山丘设计
- 项目位置：成都

平面图

整体印象

　　玄关建议标配"三件套"——鞋柜、凳子加镜子。除此以外还要考虑衣帽挂钩、小物件搁物台之类的，以使业主不论是回家还是出门都比较从容。业主的鞋子比较多，大体量的鞋柜储藏空间配合部分开敞展示，在增强实用性的同时也不会显得太沉闷。

玄关

经过多番沟通，业主打消了在沙发背后墙面挂画的想法。无须太多的装饰，这或许才是"生活"的本真。

沙发区域

设计时拆除了阳台的门，对阳台做了整体抬高处理。打造多功能工作空间，延伸视野并增加空间层次。地台是可以席地而坐喝茶聊天的地方，也为朋友聚会提供了"坐卧躺"的空间。

阳台空间

以餐桌为中心在主动线上形成的回形路径，让行动路线更加灵活。餐厅是一个家庭的中心，相信这里会留下许许多多的欢乐瞬间。

餐厅

厨房面积虽然不大，但基本配置比较齐全。重新规划的 U 型橱柜布局可以最大化利用空间，把冰箱移出橱柜区域并在右侧增加高柜，满足男业主对烤箱和洗碗机的需求。特别定制的吧台吊架增添了部分收纳功能，也加强了空间层次感。吊架上层采用夹胶玻璃，既能防止意外碎裂，还可以分散顶部的灯光。底层的实木板是使用起来最顺手的高度，后期在底部安装的感应式灯带可以让水盆区域在晚上使用时光线也很充足。操作台的高度依据屋主的身高定制，提高了操作舒适度，让使用者不必再受"弯腰驼背"之苦。

厨房

榻榻米、飘窗和梳妆台的一体化设计既满足了业主"到哪儿都能躺"的特殊要求，也增加了足够多的储藏空间。设计的初衷是让空间变得更实用、更好用，更符合业主的个人气质。加宽的飘窗成了二人的私密空间。

原始的飘窗宽度不足高度有余，既不好看也不好用，大部分情况下都在闲置，不仅浪费，而且还会积灰。改进后的榻榻米和飘窗组合高度恰当，既满足了储书需求，也提升了飘窗的使用舒适度，进而提高了业主的使用率。

衣柜、榻榻米和地板的纵横交错以及退后的衣柜设置可以让过道显得不那么拥挤，同时使整个空间更加错落有致。

主卧

次卧也可预留为儿童房。与榻榻米一体的储藏空间和衣柜增加了小房间的利用率。对于小户型来说，足够多的分区域收纳是很关键的。

次卧榻榻米 1

以浅色调为主的搭配可以让空间更加敞亮。卫生间采用六角砖做半墙贴砖处理，给空间增添了一丝活泼感。

由于卫生间没有采用常规的全瓷做法，这里简单说明一下墙面防水的处理方法。在防水完成的基础上刷上界面剂再贴砖，贴完砖后根据砖的厚度对未贴砖墙面进行抹灰找平并挂网。对找平完的墙面做耐水腻子基础处理，最后上厨卫专用防水乳胶漆。

卫生间

8.6 案例六：简约开阔的单身公寓

89 m²的两室小户型，厨卫、走廊的采光不好，空间也很局促。整个设计方案基于业主的3个需求：希望打造一个自在的单身公寓，有开阔的空间感，满足泡澡的习惯和较低的做饭频率需要；希望改善内部空间采光差的问题；一个人在家的时候基本上会在卧室待着，周末希望躺在床上就可以伸手触及需要的一切。

- 设计面积：89 m²
- 空间格局：两室合成一室
- 家庭构成：独居
- 业主需求：开阔自在，改善内部采光差的问题
- 设计主创：金晶
- 设计团队：良人一室设计工作室
- 项目位置：杭州

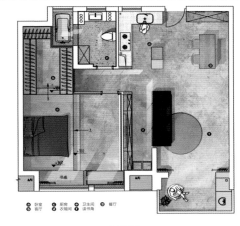

平面图

整体印象

189

改造一：尽量减少隔墙，将分散的功能空间整合成两大块，一块是包含生活和会客功能的开放空间，另一块是卧室、起居室、衣帽间等相对私密的空间。降低新建隔墙的高度，用高窗贯穿整个空间，引进自然光，从而解决内部空间采光差的硬伤。全屋使用波纹玻璃，在保证采光通透性的同时增加私密性。

改造二：考虑到业主不常做饭，厨房设计为完全开放式，厨房的结构柱后方的空间正好用来放置冰箱。将厨房、走道和玄关的动线紧密结合，减少了通道的面积，使整体动线更流畅。

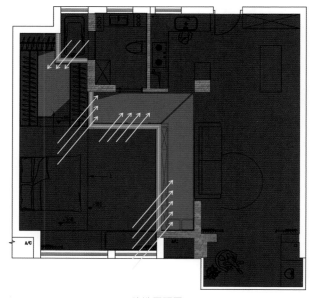

改造平面图

改造三：在赠送面积中划出了一个浴缸的位置，满足了业主泡澡的需求；同时让卫生间多了一面窗户，增加了采光。

高窗

动线

客厅有一段承重墙没法打掉，于是将沙发背后的"鸡肋"空间顺势打造成阅读区。书架用了家装中较少使用的欧松板，风格鲜明，和光滑的白色柜门形成对比，突出书架的结构，使背景立面在统一之中又有变化，层次更加丰富。

沙发背后的书架

　　书架结合低位柜体，解决了大量储物的需求，美观实用。低位储物柜在转角处同时也是卡座，翻书的时候可以顺势猫在里面，满足不同的看书姿势需要，丰富空间使用的多样性。

　　餐边柜也是玄关柜，顶天立地的柜子通过不同大小的镂空减少压迫感，同时也具有实用意义。不同的镂空高度分别满足在玄关处坐着换鞋和随手拿放小物件的需求。镂空区的材质和书架一样用了欧松板，使整个空间更加协调。

阅读区

镂空餐边柜

　　全开放式的厨房不再显得局促压抑，墙面采用半砖的设计，柜体选用与地面相近的混凝土质感的材质，使厨房自然地融入整个开放空间。

厨房

结合整屋的采光高窗的设计，主卧用了玻璃双开门。双开门的形式仿佛自带一种仪式感，深受设计师和业主的喜爱。

卧室玻璃门

卧室做了大面积的地台，利用不同的高度变化将床、飘窗、书桌和储物功能结合在一起。借用原来打掉的飘窗深度和地台的高差，在书桌下留出放腿的高度，往后一仰就是床，在床上一翻身就是书桌。

走下地台便是主卧的休闲区，业主可以根据需求自由布置。低调的桦木纹理细腻耐看。

卧室地台设计 主卧休闲区

把"鸡肋"的设备平台和主卧打通，做成衣帽间，衣帽间和卫生间共享一个采光窗。

衣帽间

8.7 案例七：北欧风与木色的融合

男业主是工程师，女业主是牙医，追求浪漫的生活。业主对新家的构想是：不需要太复杂，简简单单就好。

- 设计面积：96 m²
- 空间格局：两室
- 家庭构成：四口之家
- 业主需求：简单而温暖
- 设计主创：陈秋成
- 设计团队：晓安设计
- 项目位置：苏州

平面图

硬装部分简洁明快，以浅色铺陈，而家具和配饰的选择不吝惜色彩，除亮丽的黄色点缀外，布艺沙发的蓝色、主茶几的绿色、休闲椅的红色都是低饱和度的。这些色彩在背景墙的装饰画中也有所对应，使得空间丰富而不凌乱，活泼而不轻佻，层次分明，多姿多彩。

整体印象

在实际的生活场景中，客厅作为居住空间的核心，需要收纳和展示的物品非常多。通过定制家具将电视墙打造成非常实用的整体储物柜，中间的凹槽处挂放电视作为视线密集区，下方及两侧作为开放的展示，剩余柜体部分则尽量简洁，融于背景之中。

电视墙

客厅铺设大尺寸的灰纹地毯，形成边界，如同画框一般将客厅家具囊括在整体区域内，构建出温馨自然的家庭画面。沙发背景墙面的装饰如同这幅大作的注脚，让设计逻辑更加清晰明确。

客厅设计

餐厅位于入户的右侧，可用空间不算宽裕，正好背靠儿童房的隔墙形成卡座，卡座下方为定制柜体，具有可观的储物能力。卡座端头则设置为餐边柜，并将西厨简单的料理功能融入其中。

餐厅

卧室背景墙采用植物题材的壁纸，家具则选用实木质感，选用暗红色的窗帘、靠枕、坐垫，这些元素都可以在公区得到呼应，保持了设计的完整性。

卧室

儿童房的设计应该是可持续的，所以更多地选用成品家具。在摆放了高低床、双人书桌和衣柜后，剩余的活动空间不多，孩子们更多的游戏空间还是在客厅，这也是客厅铺设大尺寸地毯、选用方便移动的小茶几的原因之一。

儿童房高低床

　　在整体浅色和原木色的基调下，厨房和卫生间的墙面铺贴了时下非常流行的复古花砖，大面简洁，细节丰富。

厨卫空间

8.8 案例八：空间换位，回归生活

　　业主是新婚夫妇，女业主手巧到令人羡慕，是一个动手达人。他们希望家里是干净明亮的，在家里能多一些互动空间。原始户型中，客餐厅是常规的格局，两个空间通过过道相连，而入户区是一个房间。在重新做平面布置的时候，设计师做了以下调整。

　　将餐厅和入户房间位置做了调换，并将它们中间的隔墙取消，这样入户时就能得到一个很开敞的空间。

　　原餐厅部分作为一个书房，房门是折叠门，当需要开敞时让房门靠墙，和客厅之间有很好的互动性。

　　减少主卫宽度，将卧室的衣柜做到床尾墙面。

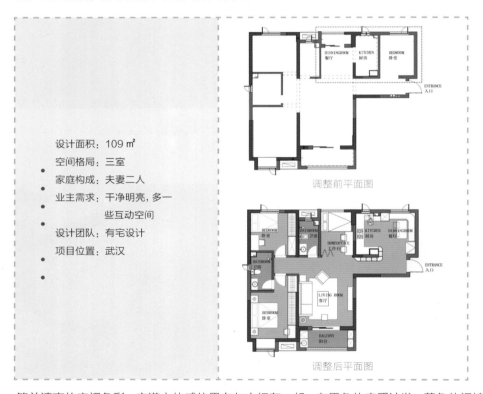

设计面积：109 ㎡

空间格局：三室

家庭构成：夫妻二人

业主需求：干净明亮，多一
　　　　　些互动空间

设计团队：有宅设计

项目位置：武汉

调整前平面图

调整后平面图

　　简单清爽的空间色彩，充满立体感的黑白灰交织在一起，有黑色的皮质沙发、蓝色休闲椅、灰色的豆袋以及浅灰色的墙面，还原出生活本原的模样。在电视墙一侧和沙发一侧都摆放着黑色置物架，纤细的金属造型凸显精致。屋主对于植物学有所研究，故挑选和培育的绿植都长势喜人、生机盎然。

客厅区域

从工作区看向入户走道，走道一侧是转角鞋柜兼储物柜，另一侧是磁性黑板墙及业主亲自制作的穿衣镜。书桌一侧是榻榻米，可作为临时客房使用。

空间材质方面，业主希望能够尽量简单直接，便于清洁打扫，故采用了业主颇为喜爱的自流平地面。业主的名字缩写和纪念日被制成铜件嵌入地面，历久弥新。

工作区与入户走道

主卧衣柜做在了床尾处，整排的柜体提供了充足的收纳容量，靠窗一侧设置梳妆台，与衣柜做一体设计。百叶窗帘相对布艺窗帘更加轻盈通透。床体无靠板，女业主按照设计师的意思做出了壁挂靠包，为空间增色不少。

主卧

　　餐厅卡座是木工师傅依照图纸现场制作的，柜体的高度加上坐垫的厚度是使用者最舒适的坐姿高度，与常规餐椅近似。吊灯是业主用植鞣牛皮手工制作的，质感和色彩都与整体空间相协调。装饰画加入一点温暖的色彩，让就餐空间的氛围变得更加温情。

　　厨房墙壁选用长方形的小白砖，干净清爽；灰色的台面易于打理，也是黑色油烟机与白色橱柜之间的过渡。

餐厨空间

儿童房预备了房形矮床，方便以后孩子自由上下。学习桌是可以移动的，便于以后根据孩子各个年龄段的需求随时变化空间格局。

儿童房

主卫采用正方形小白砖，次卫则是竖贴的长方形小白砖；浴室柜的样式和木质颜色也略有不同，但简单的质感和风格在整体上则是一样的。

卫生间

8.9 案例九：施工洞巧变吧台

设计师结合北欧风格与极简主义，打造出舒适自然的宜居空间。家中常住人口只有业主夫妻二人，因此设计更多是为二人生活的需求服务的。

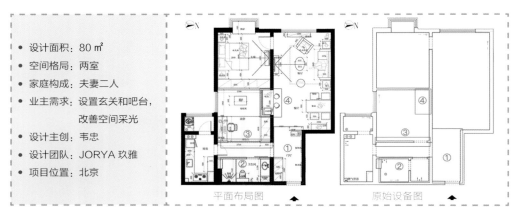

- 设计面积：80 ㎡
- 空间格局：两室
- 家庭构成：夫妻二人
- 业主需求：设置玄关和吧台，
  改善空间采光
- 设计主创：韦忠
- 设计团队：JORYA 玖雅
- 项目位置：北京

平面布局图　　　　原始设备图

（1）原始户型中没有玄关，设计师在正对入户门的位置规划了玻璃隔断，既起到阻隔视线的作用，又保证了门厅的通透性。进门过道较宽，在左手位置加设一个衣帽柜，满足业主进出门时更换衣物的需求。

（2）拆除了卫生间原始墙体，重新做干湿分区。原始设计马桶在淋浴位置，使用很不方便。新设计选择了壁挂马桶，并做了马桶移位，分隔出一个独立的淋浴空间。

（3）通往厨房的过道采光不足，比较阴暗。设计师规划从次卧窗户借光，调整了次卧门洞的大小。在扩大的门洞处设计了玻璃推拉门，让自然光能够照射到过道，使过道明亮起来。

（4）业主希望客餐厅能够拥有一个吧台，恰巧原始格局中在此位置有一个施工洞，设计师巧妙利用施工洞，向次卧内凹，打造出吧台空间，满足了业主需求。同时新建墙体上方也留有采光口，通过次卧南向窗户的采光增加客餐厅的光照。

整体印象

吧台

次卧玻璃推拉门

　　玄关处的衣帽柜满足业主进出门换衣、换鞋、放置物品的需求。玻璃隔断能遮挡进门视线，增加空间的私密性，同时也丰富了装饰层次。玄关空间整体选择水泥墙设计，利用材质区分功能空间，使门厅区域更加独立。

玄关

玄关玻璃隔断

"越简单越美"，大白墙一直是备受青睐的简约设计元素。没有多余装饰元素的大白墙搭配简洁的原木色，以极简的设计凸显出北欧风的魅力。

大白墙 + 原木

　　餐厅延续简约的格调，没有过多的装饰，通过墙面漆的色调将餐厅从客厅中区别开来。重功能、轻装饰的北欧风格营造出敞亮自然的宜居空间。

餐厅

厨房是常规的 U 字型，利用率很高，整体色调采用经典的黑白配。除柜体以外，墙面、天花板及台面都选用了白色，在视觉效果上让厨房空间显得比较大。

厨房

通往厨房过道的左侧墙面整墙涂刷深绿色黑板漆，卫生间采用暖黄色谷仓门，冷暖色对比，增加设计美感。

外移后的马桶选用壁挂形式，靠墙做了壁龛，增加储物空间。淋浴房位于卫生间深处，采用一字型靠墙淋浴房，空间很宽敞，使用起来非常方便。

卫生间

主卧没有做格局调整，最大的改动在飘窗，采用木质一体材料取代了原始的大理石台面，呼应了玄关、吧台的设计。主卧一侧满墙做通顶衣帽柜，满足业主夫妻日常衣物及用品的储物需求。

主卧

平时家里只有业主夫妻二人，次卧少有人居住。因此将书房与次卧合并，采用榻榻米的形式满足居住的需求。玻璃推拉门后是极简风格的工作区，设置了窗帘，在保证通透性的同时也增加了一定的私密性。

书房与次卧合并

8.10 案例十：高级粉营造青春气息

　　本案的户型是非常常见的两室两厅，业主也是非常典型的"85后"年轻夫妻，计划在几年内生宝宝。刚开始确定的风格是北欧清新型，后来业主主动提出粉红色和波点情结，所以在设计中大胆运用了粉色、玫瑰金作为点缀色。如果将来业主对此颜色产生了倦怠感，通过重新涂刷墙面乳胶漆，简单地更换几件家具或窗帘，就可以很方便地将家里打造出别样的风情。

- 设计面积：81 m²
- 空间格局：两室两厅
- 家庭构成：夫妻二人
- 业主需求：流线合理，满足业
  主对粉红色和波点
  的情结
- 设计主创：史宁
- 设计团队：本墨设计（BEME）
- 项目位置：上海

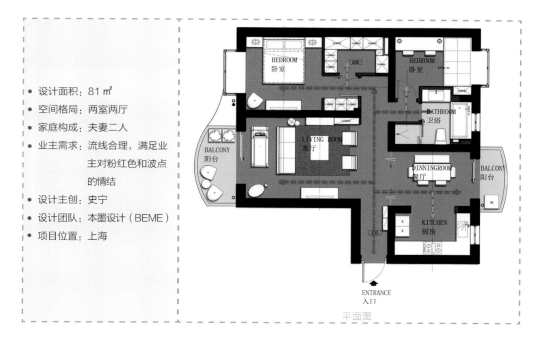

平面图

大部分墙体都是承重墙，对平面功能布置有许多限制。设计师首先合理规划了房屋的动线，拆除原墙体卫生间和主卧衣帽间的墙体。通过简单的调整，增加了一个衣柜，把常穿或者已穿未洗的冬衣放在衣帽间外部。卫生间通过这样的墙体调整有了摆放浴缸的空间，对业主来说，这种生活方式更加舒适、方便。

空间以白色为底，装饰脏粉色和灰色，另有些许玫瑰金点缀其中，既文艺又不失质感，洋溢着青春和时尚的气息。运用欧洲建筑中常见的经典款吊顶角线，让整个空间更加精致。木蜡油橡木大板地板相比传统猪肝色地板要清新很多。

深灰色布艺沙发耐脏好打理，点缀以灰色和粉色的北欧风靠枕，与边柜上的装饰画一起营造出时髦的 INS 风格。两个粉色单人沙发搭配几何地毯，相得益彰，外加一大一小两个圆几，让空间的层次更为丰富。装饰壁炉的下方用空气净化器取代柴火，内侧墙壁以深灰色做空间区分，打造出整个客厅空间的视觉中心。

空间配色

沙发与壁炉

沙发背后便是金色线条勾勒的白色装饰柜，可随手放置和拿取小物件。木蜡油烟熏色橡木大板地板和原木色系的电视柜搭配相得益彰，低饱和度的地板更能凸显实木天然的纹理。

装饰柜和地板

新的居住户型多数为功能房间较小，客餐厅较大。以此户型的餐厅开间来看，如果做成封闭式厨房，会使餐厅和厨房都比较局促。将双开门设置在餐厅位置，不仅增强了餐厅和厨房的空间延伸感，还能有效阻止大量的油烟进入客厅。

在大多数情况下，双门是敞开的。所以从客厅看过去，视觉也没有任何阻碍，交流起来非常容易。配色与客厅一致，就连餐旗和盘子上的波点，都与装饰画、抱枕的图案相互呼应，显得活泼有趣，生机盎然的生活情趣就在这一点一滴之中展现。

餐厅

厨房采用通体的白色橱柜，搭配深灰色大理石台面，简单干净，易于打理。地面的花砖则让原本安静的氛围一下子活泼起来。

主卧的采光很好，依然是在极简的硬装下采用欧洲建筑中常见的经典款顶角线，让整个空间更加精致。灰绿色背景墙面让卧室空间与外部公共区域相互区分，营造出安详静谧的氛围。

厨房
主卧

不论是床头低垂的玫瑰金吊灯，还是点到为止的装饰线脚，都彰显出业主对生活的热爱和用心。

重新设计时简单拆除原主卫墙体，便得到一个超大衣帽间和一个壁橱衣柜，两相区分，便给了隔夜衣（穿过一次但还不脏的衣服）"安身立命"之处。

次卧的一半做了榻榻米，不仅方便储物，还让空间拥有了更多的可能性。一旁的书桌让这个空间在现阶段还是书房的模样。

阳光尚好的午后，在这里阅读、打闹或小憩都是不错的选择，和家人在一起就是最美好的时光。

衣帽间 + 衣柜　　　　　　　　　　　　　　　　　　次卧

卫生间通过向次卧借空间的方式简单调整，让盥洗、如厕、淋浴、浴缸4 个功能区域相互独立。配色依然是小白砖填黑缝，深灰色、金色金属质感的五金配件让空间愈发精致。

卫生间

8.11 案例十一：简约与丰富的平衡

对于即将步入生活新阶段的新婚夫妇来说，空间一定要朝气蓬勃、有活力，同时北欧风格的简洁明快正好符合夫妻二人的喜好。无论是整体布局还是设计细节，是硬装还是软装，都将这种风格进行到底。在硬装方面处理得非常简单，没有繁复的装饰；在软装的搭配上则颇为丰富，家具、灯饰、布艺及收纳构件的设计都很考究。细节处的点缀色彩也很多样，让空间氛围显得活泼生动。

- 套内面积：140 ㎡
- 空间格局：四室两厅
- 家庭构成：夫妻二人
- 业主需求：清新明快，有活力
- 设计团队：北鸥设计
- 项目位置：台北

平面图

公众空间设计得十分开放，各个功能区域在视线内一览无遗。但经过设计的开放空间绝非胡乱处理，每个区域都有其独立的象征性，如客厅区域靠天花板来修饰造型及地毯来界定空间，餐厅区域则靠吊灯及特殊的墙面肌理进行区分。

整体印象

客厅的大型家具有沙发和电视柜，但都较为低矮，其余均为轻盈灵活的小家具，所以整体空间给人丰富却不杂乱的感觉。在色彩方面，以白、灰、原木等中性色为主，局部有黄、绿、蓝的色块点缀，且不是单独出现，尽量有所呼应，如落地灯的黄色和地毯上的局部色块对应，抱枕、单人椅及地毯主色调均为近似的蓝色、绿色。

客厅

将原先沙发后的隔墙拆除，利用半高的装饰板作为背景墙，后面是工作区。

沙发墙

电视所在的背景墙面很长，直接连通到玄关，所以在电视柜的一侧设计有壁挂置物架，不仅有收纳展示功用，还能平衡整个墙面装饰的比例关系，完成不同功能区域的过渡。

背景墙

简洁大方的独立玄关区域，正对入口处设计为嵌入式储物柜，用于收纳衣服和鞋子；入口右侧的墙面点缀几颗创意挂钩，既能起到装饰作用，还能挂放近期在使用的衣帽、围巾和背包等物品。

玄关

由于厨房在整体空间内的位置较深，显得暗淡压抑，所以将厨房设计为开放式，原本墙面的位置打造成为岛台。餐桌靠岛台摆放，沿用了客厅家具的原木色，但四把餐椅的样式和色彩均不相同，搭配不同颜色的吊灯，共同构成了整个环境内最活跃、最鲜明的区域。

餐厅

半透光的升降窗帘将整个工作区映衬得更加雅致。结合墙面与柱子的错落关系，窗台下方做了一排储物柜，不仅能让空间看起来更加整体，还能增加一定的收纳能力，台面上还可摆放绿植等装饰。有一个细节值得注意，那就是书桌背板要略高于桌面，这样就能有效地遮挡桌面上可能出现的杂乱，而让客厅呈现出更加整洁的面貌。

书房的墙面色彩有别于其他空间，采用了清新自然的绿色。背后的置物架与前面电视墙上的置物架为同一款产品。

书房 1

书房 2

卧室的设计较为简单，背景墙部分采用半高的实木背板来营造统一感，两侧的床头桌和壁灯均在此范围之内。鹿头壁灯的实体美观有趣，在夜晚更是能营造出别样的光影趣味，装饰性十足。除常用的枕头外，还搭配了不同尺寸和颜色的靠垫。

卧室入口处有个短走廊，特意布置了两株绿植用以装饰。由于窗台较高，落地装饰画可以起到很好的点缀作用。两者均能打破原有空间的单调感，丰富生活中的细节。

卧室 1

卧室 2

8.12 案例十二：木质与色彩的碰撞

除了简约自然，北欧风格最大的意象便是"人情味"，也就是重视家庭欢聚时刻。设计师以此为设计主轴，利用大量的木质建材，成功地为采光优良的家居空间营造温馨亲密的氛围，佐以缤纷小物元素，点亮温馨亲子情。

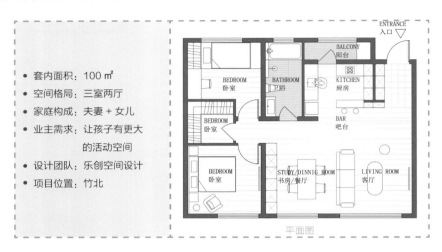

- 套内面积：100 ㎡
- 空间格局：三室两厅
- 家庭构成：夫妻 + 女儿
- 业主需求：让孩子有更大的活动空间
- 设计团队：乐创空间设计
- 项目位置：竹北

平面图

空间的一侧具有大面积的采光优势，使客厅、书房和餐厨空间呈现开放式的"品"字形布局，让全家人在公众区域的互动毫无阻碍，符合"无私、开放、交流"的生活概念。

整体印象

玄关落尘区设置仿板岩砖的超耐磨木地板，在色调上也与室内主空间做出区分；入口左侧为大尺寸的全身镜，不仅方便业主在进出家门时检阅仪容着装，更起到为狭小的玄关扩展视觉宽度的作用。

玄关 1

入口右侧的嵌入式柜体为两段式设计，一半为全高的衣柜，另一半则打造为穿鞋座椅。座椅的下方可收纳鞋子，上方则特意设置圆柱形悬吊设计，以挂放衣帽。

玄关 2

客厅区尽量保持开阔和放空状态，以便作为亲子游戏区。大面积的落地窗提供了很好的采光和视野。没有选择厚重的布艺窗帘，而是采用轻盈通透的半遮光卷帘，进一步提升家居环境的明亮属性。

业主希望公共领域的设计能更有弹性、不死板。设计师借助可移动的家具串联客餐厅区域，在保留流畅动线的同时，又可任意变化活动空间，使业主即使在工作中也能随时与女儿互动。

客厅 1

电视墙采用嫩芽绿，更添自然休闲的视觉亮点，在自然光中展现清新活泼的氛围。

客厅 2

厨房区域用吧台进行空间分隔，搭配转角处的落地黑板门片，富有童趣。吧台采用两盏吊灯均衡布置，以提供局部的照明氛围；色调与电视墙保持一致，均为清新的绿色。

吧台区

实木吊顶用于区分书房和客厅的场域，搭配色调轻浅的开放式展示柜，让温润的实木质感满盈室内，提升居家温度。如果家里来了客人，还可作为餐厅使用。色彩亮丽的伊姆斯餐椅，让既是书房又是餐厅的空间更加活泼。

书房／餐厅

书房背后的柜体采用半封闭、半开放的形式，兼具收纳和展示的作用，其中开放格子的规划很有构成感，但这并不仅仅是徒有其表的噱头，而是针对所要摆放的物品尺寸做出的精细化设计。业主有收藏公仔和杯子的爱好，为它们布置出完美的展示区也是设计的诉求之一。

展示柜

主卧延续了公众区域的清新氛围，将更加温柔的色调呈现在墙面上，营造出温馨舒适的睡眠环境。墙角一侧摆放沙发椅和落地灯，形成一个阅读区域。

卧室

附录

常见空间格局改造

（1）拆除客厅与书房之间的部分隔墙，采用"半墙＋玻璃"的围合方式，既令空间显得通透，又界定了不同的功能区域。当需要一定的私密性时，可通过安装百叶窗帘或布帘实现；而如果喜欢横厅的开敞感，则可连玻璃都省去，半墙也可用书桌的挡板代替。

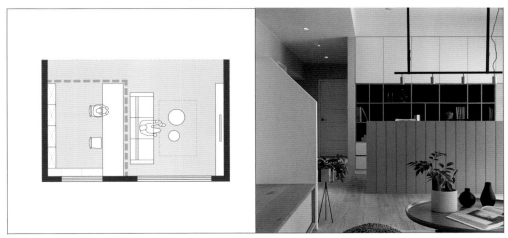

附图 1（源于 NORDICO）

（2）无论是"零居室"中的全开放式房间，还是小户型中的"一居改两居"，我们都会遇到客厅兼卧室的情况。可在客厅的靠墙或靠窗部分，利用定制柜、玻璃等隔断手法界定出一个地台式的睡眠区域，入口处可通过推拉门或布帘封闭遮挡。

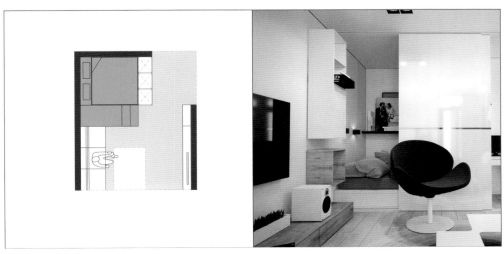

附图 2（源于 S.O.D）

（3）可变设计一直为人们所津津乐道，但是由于使用麻烦，所以并未得到推广，尤其是各类充满创意的单体家具。但如果是对整体空间功能转换的合理实施，如利用中间可移动柜体来调节客厅与卧室的开间尺寸，实现昼夜功能的转变，对于面积有限的家庭来说则不失为一种解决办法。

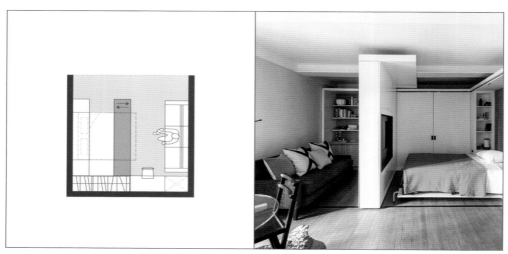

附图3（源于MKCA）

（4）对于小户型来说，与其强行塞入餐桌椅，倒不如将茶几适当加高加大，使其兼具餐桌的功能。具体高度可根据沙发的高度和个人喜好来定，在保证就餐舒适度的同时，不遮挡沙发到电视之间的视线。

附图4（源于JORYA玖雅）

（5）基本的收纳原则至少包括均匀性和就近性两点，虽然我们都知道卧室需要放置衣柜，但往往忽略了起居厅的收纳需求，这也是大部分家庭主空间杂乱的重要原因。在面宽允许的情况下，与其摆放多个各式各样的斗柜、置物架，倒不如将电视墙打造成整面的储物柜，其整体性的外观和强大的收纳能力能保证客厅的整洁。柜体的形式通常是封闭和开放相结合，中间一个大的壁龛用于摆放电视，其他的开放格可以摆放书籍、摆件或展品等，避免空间显得过于沉闷。

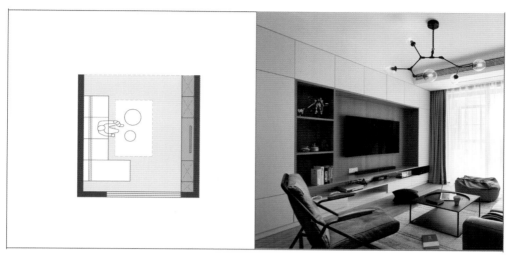

附图5（源于乘维设计）

（6）去除客厅与阳台之间的非承重墙及推拉门，将原阳台区域打造成多功能地台。其下不仅可以放置换季的被褥和衣物，上方还可以作为品茗、看书的休闲区域。而当家里客人较多时，则可与沙发形成半围合的会谈空间。更重要的是可令阳光从阳台贯穿到客厅，使整个居室看起来格外宽敞通透。当部分结构墙无法拆除时，可利用墙垛打造置物架或工作台。

附图6（源于山田设计）

（7）卡座是将传统沙发和餐椅功能结合衍生而成的一种坐具，具有节省空间、增加收纳能力等优点，而且布置灵活，无论是靠墙与餐边柜集成，还是做成围合式的 L 形，抑或是结合半墙隔断、飘窗来打造，在空间的实用性和装饰性上都有不错的表现。

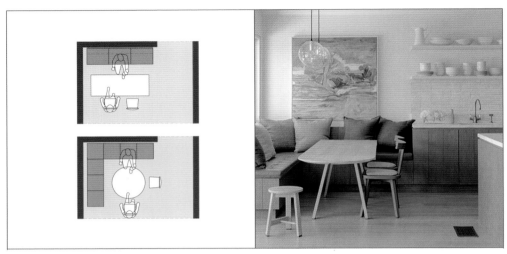

附图 7

（8）当厨房与餐厅邻近时，可将厨房做半开敞化或开敞化处理。如附图 8 中拆除部分隔墙，作为吧台及内外交流的窗口，在必要时，还可作为备餐、出菜的平台；附图 9 中，则是在原有隔墙区域打造岛台，增加了空间的实用性和通透性，如果有必要，可利用玻璃滑门将餐厨与客厅空间隔断，防止油烟蔓延。

附图 8（源于 INT2）

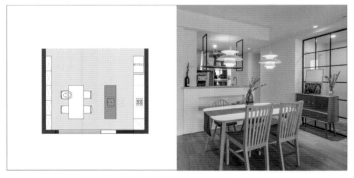

附图 9（源于山丘设计）

（9）对于小两居或小三居来说，次卧的面积通常不大，而且很多人还会选择将书房的功能植入其中，可称之为"次卧兼书房"或"书房兼客卧"。可利用定制家具的适配性，将此空间中的家具紧凑布置，如一体式衣柜搭配榻榻米或一体式书桌搭配榻榻米，这样整体性更强，打造出兼具休憩、办公及储物功能的多功能空间。

附图 10（源于乐创空间）

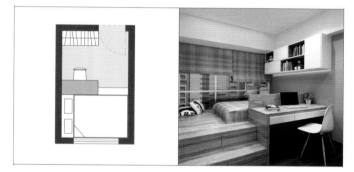

附图 11

（10）通常人们都会将衣柜放置在靠入口处床的一侧，但由于卧室尺寸或长宽比的限制，不可一概而论。无论是在床头还是床尾（根据门窗位置衡量），打造整面墙的收纳柜，其完整的界面加之柜门分割自然形成的线条，不仅具有很好的装饰性，还能大大提升卧室的收纳能力。

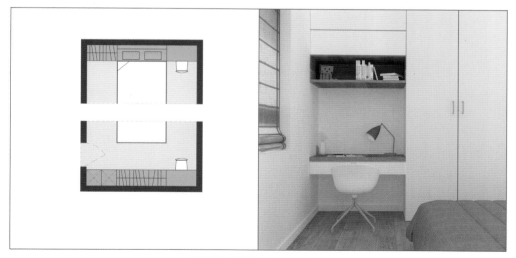

附图 12（源于 Createous）

（11）对于典型的无玄关户型来说，一方面入门客厅空间一览无余，另一方面没有墙面可以依靠来安置鞋柜。这时候，可以"无中生有"，在客厅沙发的一侧摆放或定制整体的鞋帽柜。如果追求收纳功能最大化，则可以采用通高柜体的设计；如果喜欢通透一些的效果，则可以做半高的柜体，上层为镂空格栅或置物架。

附图 13（源于 JORYA 玖雅）

（12）入口空间狭长，同样没有摆放鞋柜的余地，如果一侧功能空间（书房或厨卫）靠近玄关的墙体为隔墙，可将此隔墙用定制柜体代替，但要注意做好反面的隔音防潮措施。柜体的设计通常是下面放鞋、上层挂衣，中间局部镂空，用以放置钥匙等小物及其他装饰摆件；如果柜体长度允许，还可将部分柜体作为卡座式换鞋凳。

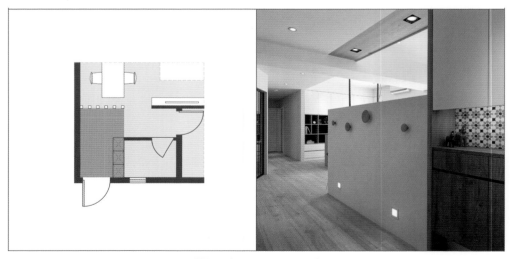

附图 14（源于 NORDICO）

（13）如果既无余裕的空间做退让，又无凹槽、隔墙可利用，那么只能利用门口附近的墙面来做文章了，如靠近餐厅时，可将玄关柜与餐边柜合体打造。

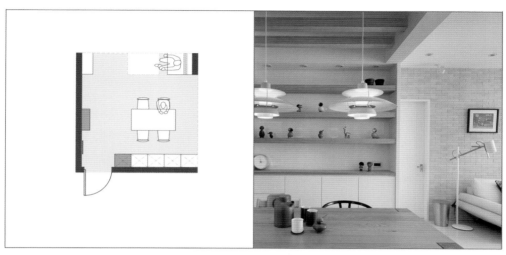

附图 15（源于 NORDICO）

（14）作为面积赠送的常用手段，飘窗在国内的城市户型中并不少见，人们通常都将其打造成一个小小的休闲区域。在深入设计时，可利用窗口两侧及上方空间定制柜体，封闭部分用以放置衣物，开放部分用以摆放书籍、饰品等。而对于下方为砌块的"假飘窗"，可以将其拆除，作为正常窗使用；或利用地柜代替，增加居室的收纳功能。

附图 16

（15）对于儿童房来说，可以汲取船舱紧凑合理的空间规划，既满足多个孩子睡眠区的独立性，又趣味性十足。

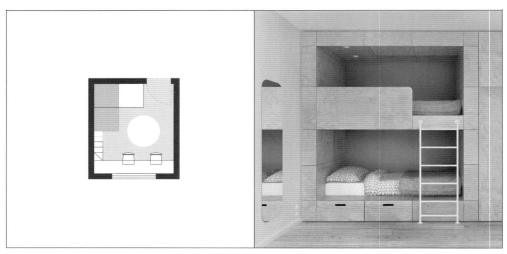

附图 17（源于 INT2）

（16）对于 Loft 公寓或复式住宅来说，楼梯是必不可少的元素。出于减少面积浪费的考虑，对楼梯的处理手法不外乎两种：一种是减小楼梯的体量，另一种则是利用楼梯下方空间做收纳。

附图 18（源于鬓维设计）

后记

原来岁月并不是真的逝去，它只是从我们的眼前消失，却转过来躲在我们的心里，然后再慢慢地来改变我们的容貌。

——席慕蓉《岁月》

从策划到着手写作，再到成稿，大概用了一年，其后排版、多轮审校，再到成书，又是大半年的时间。在这个不算短的时间里，工作、生活，以及成长……

再回首审视时，正好形成了一种恰到好处的陌生感，仿佛在读一本曾经翻过的书，有欣喜，也难免有缺憾。但更多的是感恩，一方面是在设计的过程中，各个设计师、工匠、经营者，以及业主，共同去营造"家"的空间，这个过程是大家在互相信任中一起实现对生活、对美的追求；另一方面，也要感谢编辑、排版、校对等工作人员的付出。两百多页的书不算厚，但对于一个从事设计工作的业余写手来说，将平日积累的涓涓细流汇成江河，也算是所得颇丰了。

同时，更加深刻地理解了"天下事有难易乎？为之，则难者亦易矣。"更加深刻地理解了"合抱之木，生于毫末；九层之台，起于垒土。"共勉！

姜小邑
2019 年夏于北京

注：有些内容放在了电子学习资源中，如品牌推荐、预算清单等，并不表示这些不重要，相反，个人觉得这些对于普通业主来说是很实用的。电子版在使用时更加方便。